工廠叢書 ⑰

U0070343

部門績效考核的量化管理（增訂八版）

秦建成/編著

憲業企管顧問有限公司　　發行

《部門績效考核的量化管理》(增訂八版)

序 言

　　本書是 2021 年增訂八版,將以往舊版資料全部檢討改進,重新打字撰稿。本書上市,承蒙企業界人仕喜愛,更感謝全臺灣多個讀書會、協會團體的推薦與購買。

　　本書是專門提供績效考核的量化方案及工具設計,總結了大量企業通用的方案,這些方案可作為企業績效考核的借鑑。

　　憲業企管顧問公司推出「績效考核的量化管理」培訓班,多年來受到企業佛羅里達的讚賞。績效考核有兩個重點,「員工只做你所考核的」,你想要什麼,就必須考核什麼,這是績效考核的第一個重點。而績效考核一直以來被認為是困擾企業發展的第一大難題,要解決這個難題,最好的辦法莫過於將「考核指標量化管理」,這是績效考核的第二個重點。

　　在根據企業實際情況的基礎上,參照同一行業的部門或者借鑑不同行業進行績效考核設計,是績效考核人員經常要做的工作。部門績效評估的量化管理,常造成管理人員的工作困擾。對成功的人而言辦法總比麻煩多。有這麼一個故事:

　　採摘水果不是件輕鬆的活兒,但農場主人史密斯先生最頭疼的還是怎樣付薪資,經濟學家也對此產生了濃厚的興趣。他

們負責設計薪酬計劃。

　　史密斯先生本來按照「計件薪資率」支付報酬。他保證，無論工人在貧瘠還是肥沃的土地上勞動，他們的薪資都不會低於國家水準。史密斯每天都要調整「計件薪資率」，使它恰到好處又不過分盈餘。工人們摘得越多，「計件薪資率」就越低。但工人們彼此約定，誰都不能摘得太快，在總體上，就延緩了採摘過程。既保住了「計件薪資率」，又給農場主造成了損失。

　　經濟學家於是就採取另一種調整薪資的方法：管理人員會視土地採摘的難易程度，設定不同的「計件薪資率」，從而避免了工人們集體拖延。實驗結束後，史密斯先生的疑慮徹底消除了：新方法提高了 50% 的生產力。

　　第二年的夏天，經濟學家開始考慮如何刺激怠工的管理員，因為給每個工人分配任務的大權掌握在他們手裏。發現管理人員經常把最輕鬆的活兒交給自己的熟人去做，這種「用人唯親」的做法會使生產力大打折扣。

　　經濟學家很快想出了餿主意：把每個管理人員的薪資同當天的收成聯繫起來。這樣一來，管理人員更傾向於那些吃苦耐勞的員工，而冷淡自己的朋友，所以生產力很快又上升了 20%。

　　第三年的夏天，經濟學家又提出了「競賽計劃」。工人們可以自願組隊來參加勞動。起初，互為朋友的人會結合在一起，但當經濟學家為那些產量最多的隊伍頒發獎金時，一切又都改變了。又一次，工人們把金錢擺在社會關係的前面。他們紛紛從自己的熟人圈中跳出來，加入最有活力的隊伍。有活力的工人結合在一起，生產力又劇增 20%。

不要擔心麻煩出現，因為，解決麻煩的辦法也會隨之產生。

管理制度是做好工作的標杆，沒有好的管理制度，一切都會形同虛設，而績效評估的指標，會決定成敗。

18 世紀末，英國人來到澳洲，隨即宣佈澳洲為它的領地。但是怎麼開發這個遼闊的大陸呢？當時英國沒有人願意到荒涼的澳洲去。英國政府想了一個絕妙的辦法：把犯人統統發配到澳洲去。一些私人船主承包了運送犯人的工作。

最初，政府以上船的人數支付船主費用，船主為了牟取暴利，盡可能多裝入，卻把生活標準降到最低，所以船上犯人的死亡率很高，英國政府因此遭受了巨大的損失。英國政府想了很多辦法都沒有解決這個問題。

後來一位議員想到了考核制度，那些私人船主利用了制度的漏洞，因為制度的缺陷在於政府付給船主的報酬是以上船人數來計算的！假如倒過來，政府以到澳洲上岸的人數來計算報酬呢？政府採納了他的建議——不論你在英國上船裝多少人，到澳洲上岸時再清點人數支付報酬。一段時間以後，英國政府又做了一個調查，發現犯人的死亡率大大降低了，有些運送幾百人的船經過幾個月的航行竟然沒有一人死亡。犯人還是同樣的犯人，船主還是那些船主，考核方式的改變，解決了所有的問題。

結果問題迎刃而解。船主主動請醫生跟船，在船上準備藥品，改善生活，盡可能地讓步每一個上船的人都健康地到達澳洲，多一個人就意味著多一份收入。

這就是改變績效考核指標的力量，你只要稍微變動考核方式，

是進艙數字或是出艙數字，績效就有絕然不同的表現。

一旦有了具體的、量化的「績效考核指標」，再來是執行的層面，「三分策略，七分執行力」，成功與否，也要看你的執行狀況。有個賣牛肉麵老闆的故事：

有一個牛肉拉麵館，老闆與拉麵師傅的合作出現「危機」，老闆先與拉麵師傅商定，每賣一碗麵，拉麵師傅抽5元，賣的多抽的多。於是拉麵師傅就在每碗麵裏多放幾片牛肉，因此回頭客多，拉麵師傅抽的錢也多。但是多放牛肉加大了成本，老闆賠了錢。老闆就改變做法，給拉麵師傅發固定薪資，薪資額定高一點也願意，只要能把成本控制住就可以。不料拉麵師傅故意在每碗麵裏少放牛肉，客人就少來了許多。生意清淡，拉麵師傅的高薪資照拿，樂得工作清閒，老闆則焦急萬分。

怎樣解決牛肉麵館老闆的燃眉之急呢？根據經驗發言熱烈，想出了很多辦法，歸納起來有以下幾種：

讓拉麵師傅以技術入股，也來當老闆，共同管理拉麵館，收入所得按比例分成；

拉麵師傅薪資與效益聯結，不光考核銷售量，還要計算利潤額；

少賣或者虧本都不發薪資；

教育拉麵師傅講求職業道德，做一個誠信的人；

改善工作環境，讓拉麵師傅工作時心情愉快；

事先核准每碗麵應該放置的牛肉標準和比例；

老闆掌握關鍵環節，控制量，拉麵師傅控制質；

拉麵師傅的薪酬實行低薪資加高利潤提成的方式。

問題出現在只關注不斷提出新的管理方案，卻忽視了管理方案的執行。在對這個案例的討論中竟沒有一個員工從執行角度考慮問題，處於一種「一招不行再換一招」的狀態。

其實，拉麵館老闆所遇難題就是牛肉多放少放這一細節，解決了這個問題，雙方的合作就能順利進行下去。其實從執行環節解決牛肉多放少放的問題並不難，只要我們開動腦筋。

例如可以依照成本確定牛肉的放置量，事先分好，用專用的小碟盛放。

還可以將拉麵與放置牛肉的環節剝離，最後由端麵的服務員匯總送給顧客，老闆對全過程進行抽查、監督，這樣拉麵師傅就無法一個人憑自己的好惡多放或少放牛肉了。

設定有競爭或壓力的因素，會使得團隊成員更有活力，更積極。挪威有個故事：

挪威人喜歡吃沙丁魚，尤其愛買鮮活的。漁民們為了避免沙丁魚在運輸途中死去，往往在船艙裏放上幾條鯰魚。鯰魚滑溜無鱗，常愛四處亂鑽亂竄，弄得沙丁魚十分緊張，不得安生，也只好跟著鯰魚一起遊動。這樣，不但避免了沙丁魚因窒息而死亡，而且抵達漁港後還能保持鮮活，這種現象為「鯰魚效應」。

評估員工績效的指標，也要與員工薪資互相結合，要和他的利益相結合，績效評估項目才有可能順利達成。

有個寺廟香火很旺，在當地很受香客們歡迎。這一天，寺院來了一個小夥子，請求方丈讓他出家為僧，做什麼都行，方丈就為他舉行剃度儀式，並安排他去撞鐘。

小和尚開心地領命。每天按照寺院的規定早晚各撞一次

鐘。剛開始幾天，感覺還挺新鮮挺好玩。可是，時間一長，他便感覺到撞鐘的工作太簡單、太枯燥無味了。於是，他就真正的「做一天和尚撞一天鐘了」。

這樣又過了幾個月，方丈突然宣佈要將他調到後院去劈柴擔水，並指責小和尚「不能勝任撞鐘之職」。

小和尚很是納悶：「方丈，難道我撞的鐘不準時？或是不夠洪亮」？

方丈告訴他：「你撞的鐘非常準時，也很響亮。」

「但鐘聲空乏、疲軟，沒有一點穿透力和感召力！因為你心中沒有理解撞鐘的意義。鐘聲不僅是寺裏作息的準繩，更為重要的是喚醒沉迷眾生。因此，鐘聲不僅要洪亮，還要圓潤、深厚、深沉、悠遠。一個人心中無鐘，即是無佛；如果不虔誠，又怎麼能擔任撞鐘之職？」

從表面看，小和尚沒有把鐘撞好，而被調去擔任劈柴擔水之職，似乎是在情理之中。但是，從另一個角度來看，小和尚沒能將鐘撞好，難道寺院主管就沒有任何責任嗎？

簡單來說，如果從小和尚進寺院的第一天起，其主管如果能夠告訴他撞鐘的要領及意義，或在小和尚撞鐘的過程中，及時指出他所存在的問題，結果可能不太一樣，至少也不至於撞了數月鐘而莫名其妙地被調換工作吧！

故事中的方丈犯了一個管理錯誤，沒有提前公佈工作標準。如果小和尚進入寺院的當天就明白撞鐘的標準和重要性，就不會被撤職。工作標準，就是員工的行為指南和考核依據。

沒有檢驗工作的標準，沒有考核的標準，往往會導致員工的努

力方向與公司整體發展方向不統一，造成人力、物力資源浪費。

這是發生在第二次世界大戰中期，美國空軍和降落傘製造商之間的真實故事。

當時，降落傘的安全性能不夠。在廠商的努力下，合格率已經提升到 99.9%，仍然還差一點點。

軍方要求產品的合格率必須達到 100%。對此，生產降落傘廠商老闆不以為然。他們認為，產品很好，沒有必要再改進，能夠達到此程度已經接近完美；廠商強調，任何產品不可能達到絕對 100% 的合格，除非出現奇蹟。

不妨想想，99.9% 的合格率，就意味著每一千個傘兵中，會有一個人因為跳傘而送命。

後來，軍方改變檢查品質的方法，決定從廠商交貨的降落傘中隨機挑出一個，讓廠商負責人穿上降落傘後，親自從飛機上跳下。

結果，降落傘品質達到 100% 的合格率。

某日本高級旅店，檢測客房抽水馬桶是否有被清潔的標準，是由清潔工自己從馬桶中舀一杯水喝一口，可以想像，這樣的馬桶一定會乾淨的。

量化管理所設定的對象要正確，也要注意正確、適當的時機。公司在規劃績效考核量化管理時，對員工說明一定要明確具體，而且要講究溝通技巧。

傑克家有一隻非常聰明的牧羊犬，有一天牧羊犬叼回一隻狼，傑克大大地誇獎了它，給了它一隻雞腿作為獎賞。牧羊犬得意地搖著尾巴吃起了雞腿。

第二天，牧羊犬又叼著一隻狼回來了。傑克高興極了，覺得自己的牧羊犬實在太了不起了，就又給了一塊肉作為獎賞。但是，奇怪的是晚上羊群回來的時候，傑克卻發現羊少了一隻。他納悶了：自己的狗這麼厲害，連狼都不怕，怎麼會守不住幾隻羊呢？

　　於是他第二天早上便跟蹤了牧羊犬。到了牧場，傑克吃驚地發現，牧羊犬壓根就不守羊群了，而是直奔狼窩去抓狼。

　　因為沒有牧羊犬的看守，狼輕而易舉地叼走了幾隻羊。傑克大為窩火，當天晚上就把牧羊犬趕出了家門。

　　這個故事說明了什麼呢？企業獎勵員工，如果不明確應該獎勵什麼，就會產生負面效應。

　　牧羊犬捉狼，本是一種正確的、對主人有利的行為，是值得獎勵的。但主人在獎勵它的時候卻沒有明確獎勵的實質內容，主人要獎勵的是牧羊犬守羊的功勞，而不僅僅是出外捕捉幾隻狼的行為。主人的行為使得牧羊犬意識到，出外捕狼似乎比守羊更有利可圖，於是它自然就不會全心全意地守羊了。如果傑克在獎勵牧羊犬時讓它明白它的主要責任是守羊而不是打獵捕狼，只有羊守好了它才會有獎賞，那它肯定就不會棄羊於不顧了。

　　本書原為憲業企管公司在東南亞工廠管理培訓熱門課程，授課教材在改為圖書上市，上市後獲得讀者好評，獲得各大企業的團體採購作為員工培訓教材。

　　本書重新修訂，增補內容，部門評估資料更多，即使是不同行業，也可參考引用。本書此次是 2021 年 7 月增訂八版，更邀張亞國、黃憲仁顧問師參與編輯：張亞國顧問師曾著作《六步打造績效

考核體系》，具有非常豐富的員工績效培訓管理經驗，更提供本書精彩的實務案例資料；黃憲仁總顧問師有資深的二十多年企業輔導經驗。

本書多次再版，內容均是工商管理顧問師的上課教材、輔導案例，歡迎讀者參加培訓班上課。本書以製造業、銷售業的通用部門為核心，橫跨二十多個部門，提供了企業各級別人員職位績效量表，本書內容可作為企業目標管理、績效考核的內部培訓教材，都具體可行。在內容設計上，本書打破行業的界限，首先列出工作人員的績效考核指標、量表和方案，以便於讀者從中挑選適合自己企業的人員和部門；其次，為了更加方便讀者使用，本書還提供較為常見的企業的績效考核全案，以便於這些企業直接使用和借鑑。

2021 年 7 月增訂八版　於台灣‧日月潭

《部門績效考核的量化管理》（增訂八版）

目　錄

第 1 章

KPI 績效考核指標的設計

一、KPI 績效考核指標的理念

　　人的健康與否可以透過身高、體重、血壓、肺活量、心率等指標來判斷。企業也一樣,管理者可以透過比較直觀的指標,來判斷企業經營中那裏需要改進,那裏有所提高。瞭解企業的各項指標,管理者就可以輕鬆把控大局,確保企業正常運營,達到預期的結果。KPI 績效考核,作為人力資源管理的一個職能,可以為各項人事決策提供客觀依據,是人力資源管理不可缺少的一個重要環節。

　　指標體系為何如此重要呢?其實,指標體系就是我們所說的核心業績指標(Key Performance Indication),簡稱 KPI,通常也稱為關鍵業績指標,是戰略決策執行效果的監測指針,是企業在制定戰略目標決策中,經過層層分解而得到的可操作的戰術目標。

　　KPI 法即關鍵績效指標考核法,是通過對工作績效特徵的分析,提煉出最能代表績效的若干關鍵指標,並以此為基礎進行績效考核的

模式。

KPI 是戰略導向的指標，KPI 考核一個重要的管理假設就是一句管理名言：「如果你不能度量它，你就不能管理它。」

確定指標體系的要點在於流程性、計劃性和系統性。主要操作流程如下：

· 確定業務重點。

· 分解出部門級 KPI。

· 分解出個人的 KPI。

· 設定評價標準。

· 審核關鍵績效指標。

企業需要管理，但是如何管理卻成了眾多管理者的難題。越來越多的企業看重指標，用指標去管理，用指標去考核，畢竟只有根據數據，才能在績效考核的時候有據可依。

每個企業都希望自己的企業能夠基業長青。很多老闆和企業管理者都不明白，為什麼自己的產品如此優秀，公司卻無法盈利呢？問題到底出在什麼地方呢？這就需要透過指標來找到答案了。畢竟只有用指標來管理，才能去考核所有事務。

KPI 抓住那些能有效量化的指標，將之有效量化，可以「要什麼，考什麼」，抓住那些亟須改進的指標，提高績效考核的靈活性，給部門和職位帶來不少益處。對關鍵績效指標(KPI)的正確理解：

(1)它來自於對公司戰略目標的分解

這首先意味著，作為衡量各職位工作績效的指標，關鍵績效指標所體現的衡量內容最終取決於公司的戰略目標。當關鍵績效指標構成公司戰略目標的有效組成部份或支援體系時，它所衡量的職位，便以實現公司戰略目標的相關部份作為自身的主要職責；如果 KPI 與公司

戰略目標脫離，則它所衡量的職位的努力方向，也將與公司戰略目標的實現產生分歧。

關鍵業績指標分類

	界　定	考核 17 的	類別細分	舉　例
效益類	實現公司價值增長的重要營運結果與控制變數	衡量創造股東價值的能力	資產盈利效率	投資資本回報率
			現金獲得能力	自由現金流
			盈利水準	
營運類	體現公司價值創造的直接財務指標	衡量通過各種營運活動推動整體戰略目標完成的能力	成本控制	部門管理費用率
			收入管理	市場佔有率
			結構優化	平均毛利率
			投資管理	投資收益
			進度管理	產量計劃完成率
			研發管理	新產品推出平均週期
組織類	實現積極健康工作環境與公司文化的人員管理指標	衡量建立企業價值觀與人員組織競爭力的能力	人員規劃	員工人均創利
			企業文化建設	培訓覆蓋率
			與制度建立	員工滿意度

(2)關鍵績效指標是對績效構成中可控部份的衡量

　　企業經營活動的效果是內因外因綜合作用的結果，這其中內因是各職位員工可控制和影響的部份，也是關鍵績效指標所衡量的部份。關鍵績效指標應儘量反映員工工作的直接可控效果，剔除他人或環境造成的其他方面影響，例如，銷售量與市場佔有率都是衡量銷售部門市場開發能力的標準，而銷售量是市場總規模與市場佔有率相乘的結

果,其中市場總規模是不可控變數。在這種情況下,兩者相比,市場佔有率更體現了職位績效的核心內容,更適於作為關鍵績效指標。

(3) KPI 是對重點經營活動的衡量

KPI 是對重點經營活動的衡量,而不是對所有操作過程的反映。每個職位的工作內容都涉及不同的方面,高層管理人員的工作任務更複雜,但 KPI 只對其中對公司整體戰略目標影響較大、對戰略目標實現起到不可或缺作用的工作進行衡量。

(4) KPI 是組織上下認同的

KPI 不是由上級強行確定下發的,也不是由本職職位自行制訂的,它的制訂過程由上級與員工共同參與完成,是雙方所達成的一致意見的體現,它不是以上壓下的工具,而是企業組織中相關人員對職位工作績效要求的共同認識。

二、KPI 績效考核指標的設計原則

績效指標是一種行為的信號,通常是以量化的形式來表述某種活動特徵的一種測量工具,這種測量既可以是絕對性的,也可以是相對性的。

(一)績效指標設計原則

①具體的(Specific)

績效指標要切中特定的工作目標,不是籠統的而是應該適度細化,並且隨情境變化而發生變化。

②可度量的(Measurable)

績效指標或者是數量化的或者是行為化的,同時需驗證這些績效

指標的數據或資訊是可以獲得的。

③可實現的(Attainable)

績效指標在付出努力的情況下是可實現的，主要是為了避免設立過高或過低的目標，從而失去了設立該考核指標的意義。

④現實的(Realistic)

績效指標是實實在在的，是可以證明和觀察得到的，是現實的而並不是假設的。

⑤有時限的(Time-bound)

績效指標中要使用一定的時間單位，即設定完成這些績效指標的期限，這也是關注效率的一種表現。

(二)KPI指標的測試

如何判斷一個KPI指標是不是一個好指標呢？一般來說，我們必須從以下八個方面進行測試，在每一個方面都有一些問題需要回答。

如何測試KPI指標

測試方面	問題
該指標是否可理解？	是否可用通用業務語言定義？ 能否以簡單明瞭的語言說明？ 是否有可能被誤解？
該指標是否可控制？	對該指標的結果是否有直接的責任歸屬？ 績效考核結果是否能夠被基本控制？
該指標是否可實施？	是否可以用行動來改進該指標的結果？ 員工是否明白應採取何種行動對指標結果產生影響？ 該指標是否可信？
是否有穩定的數據來源來支持指標或數據構成？	數據能否被操縱以使績效看起來比實際更好或更糟？ 數據處理是否引起績效指標計算的不準確？

續表

測試方面	問題
該指標是否可低成本獲取？	有關指標的數據是否可以直接從標準表上獲得？ 獲取成本的標準是否高於其價值？ 該指標是否可以定期衡量？
該指標是否可衡量？	指標可以量化嗎？ 指標是否有可信的衡量標準？
該指標是否與整體戰略目標一致？	該指標是否與某個特定的戰略目標相聯繫？ 指標承擔者是否清楚企業的戰略目標？ 指標承擔者是否清楚該指標如何支援戰略目標的實現？
該指標是否與整體績效指標一致？	該指標和組織中上一層的指標相聯繫嗎？ 該指標和組織中下一層的指標相聯繫嗎？

三、KPI 績效考核指標的方式

KPI 績效考核指標可分為四種：定性指標、定量指標、過程指標、非權重指標。其中，最常用、最重要的可分為定量（量化）指標和定性（非量化）指標兩類，這兩類指標考核的內容和側重點有所不同。具體來說，定量指標用於考核可量化的工作，而定性指標則用於考核不可量化的工作；相對而言，定量指標側重於考核工作的結果，而定性指標則側重於考核工作的過程。

1.定性指標

定性指標是指無法直接透過數據計算分析評價內容，需要對評價對象進行客觀描述和分析來反映評價結果的指標。

對於定性指標，其指標值具有模糊和非定量化的特點。要使得定

性指標能夠比較精確地進行考核，就必須儘量規避這種籠統和模糊的狀態。

　　為了達到這一效果，在制訂定性指標的考核標準時，企業可以進行如下操作：首先，將定性指標進一步細化為多個可考核的方面，即考核維度；其次，針對每一個考核維度，儘量用數據和事實來制訂明確和具體的考核標準。

2.定量指標

　　定量指標即可量化指標，它可以透過一定的技術測量手段確定其量值。定量指標的計量單位各不相同，常見的有百分率(%)、頻次、金額、時間等。

　　採用定量指標進行績效考核，在明確考核指標的情況下，一般簡單明瞭、較易實施，量化的考評結果可以在個人和組織之間進行比較。

　　績效考核指標如產量、利潤、成本等可量化的指標，能夠很客觀地反映被評估者之間的績效差異。但在實際考核中很多人難以找出指標量化方式。

　　績效指標量化可以採取如用數字、品質、成本、時間、結果、行動等量化的方式。

　　總之，績效考核指標不能為了量化而量化，量化是手段而不是目的，績效評價的最終目的是服務於企業戰略與目標，確保企業戰略與目標的達成。

3.過程指標

　　結果指標是工作的結果，是滯後指標，如何加強程序控制，如何對行為過程進行考核，成為很多公司正在研究的課題。

　　選擇過程指標進行考核，對數據信息提供以及管理者管理水準要求相對較低，可以根據被考核者的實際工作狀況進行評價。

　　過程指標根據主要工作流程控制點行為特徵來進行描述,以評估表的形式得出評價標準。

　　公司對辦公室的考核指標「車輛管理」,評價標準分別說明了好、中、差三種情況的特徵,考核者將根據實際工作情況首先作出好、中、差的評價,然後再根據考核者的主觀評價,確定被考核者的最終得分。

　　將表中的考核指標「車輛管理」進行分解,可以得到「車輛調配、車輛維修、車輛保養、車輛油料管理」四個考核指標,作為對車輛管理員崗位的考核。下表為這四個指標的評價標準。

公司對辦公室「車輛管理」的考核指標

指標名稱	指標說明	評價標準		
		差(0～3分)	中(4～7分)	好(8～10分)
車輛管理	該指標反映了對車輛的年檢、油料、使用、維修及保養等管理工作的成效	公司車輛燃油費用、維修費用失控,車輛調配使用比較混亂,車輛維修保養記錄不全,不能及時發現設備故障並及時修復	車輛燃油費用、維修費用、行車費用基本控制合理,車輛調配使用規範,按照規定建立了各類安全台賬以及車輛和駕駛員檔案,能對車輛進行有效監控並修復故障	車輛行車費用、燃油費用、維修費用控制有效,車輛調配使用規範,按照規定建立了各類安全台賬以及車輛和駕駛員檔案,能實現車輛的有效監控和故障的及時修復,定期檢查、保養車輛,及時找出車輛安全的潛在風險並排除隱患,能根據實際情況不斷完善車輛管理工作

4.非權重指標

　　非權重指標所考核的一般不是常規工作，卻是重要事項。如果將其作為權重指標考核，會給績效考核戰略導向帶來影響，但事項的發生對部門戰略目標的實現具有重大意義，因此對這類指標的考核採取不佔權重的形式。該類指標包括否決指標、獎勵指標和獎懲指標。

　　某公司對有關部門保密工作的考核，這是一個否決指標。保密工作對任何企業都是非常重要的，如果洩露商機，就會被競爭對手獲知公司的重要決策；如果發生技術資料外洩的情況，會直接影響甚至摧毀企業核心競爭力，因此該公司將「保密工作」作為否決指標來進行考核。無論其他關鍵業績指標得多少分，只要出現技術資料洩密情況，本期考核就不合格，其他各方面業績也都不再有任何意義。

某公司對有關部門的考核指標

「商務信息保密」與「技術保密工作」

名稱	指標定義	評價標準	信息來源
商務信息保密	該指標考核商務信息的保密工作情況。該指標最多扣20分	出現商務信息洩密的情況，一次扣5分；出現重要商務信息洩密的情況給公司帶來損失，一次扣10分；若出現高度機密資料洩密的情況，給公司帶來重大損失，一次扣20分	所有部門
技術保密工作	該指標考核相關資料的保密工作情況。該指標最多扣20分	出現技術資料洩密的情況，一次扣5分；出現重要技術資料洩密的情況給公司帶來損失，一次扣10分；若出現高度機密資料洩密的情況，給公司帶來重大損失，一次扣20分	所有部門

某公司對財務部的考核指標「支出核准工作」

名稱	指標定義	評價標準	信息來源
支出核准工作	考核支出核准工作情況。該指標最多扣20分	核准不及時，一次扣2分，若核准出現疏忽或錯誤，費用性質和歸集審核錯誤，根據情況扣5～10分，票合法性審核疏忽或錯誤，扣5～10分，若給公司帶來損失扣20分	財務部分管副總

四、KPI 績效指標量化方法

1. 數字量化方法

量化考核通常也被稱為「數字化考核」，考核指標量化是指考核指標可以衡量。企業可根據自身的特點設計合理的數字化考核體系，實現對員工績效的動態監管和視覺化管理。

考核指標數字量化方法如下。

(1)統計結果量化(產量、銷售額、次數、頻率、利潤率等)

(2)目標達成情況量化(計劃達成率、目標實現率、落實率等)

(3)頻率量化(及時性、次數、週期等)

(4)餘額控制量化(控制率、如應收賬款餘額控制率等)

(5)分段賦值量化(定性指標量化有效方法之一)

(6)強制百分比量化(定性指標量化有效方法之一)

(7)行為錨定量化(定性指標量化有效方法之一)

(8)關鍵性行為量化(定性指標量化有效方法之一)

2. 時間量化方法

時間量化的方法之一是進度量化，進度量化是指完成任務過程中

對事態發展(時間階段)進行控制的一種計量方法,透過計算特定時間與行為之間的因果關係,給出結果的分值。

例如,對某些研發型、知識型員工的工作,有部份績效是可以用時間進行量化的,如新產品開發週期、服務回應時間、天數、完成期限等。用時間作為衡量尺度來量化考核員工的績效,有助於企業對其階段工作的控制。

3.品質量化方法

品質量化方法主要衡量企業各項任務成果及工作實施過程的精確性、優越性和創造性。品質量化常用的考核指標包括準確度、滿意度、通過率、達成率、合格率、創新性、投訴率等。

4.成本量化方法

成本量化方法即從成本的角度,細化量化考核工作,落實成本管理責任。這有助於加強組織的成本管理,增強全員成本管理責任意識。

企業可根據責任成本控制網路體系,構建所有責任單位/人員的考核指標,如成本節約率、投資報酬率、折舊率、費用控制率、預算控制等。

5.結果量化方法

企業考核工作可從對結果的考核和對行動(過程)的考核兩個方面展開。對結果的考核,需要事先分析考核指標的目的,瞭解實現此考核指標最終期望的結果,得到結果表現的細分量化考核指標,從而使該考核指標達到量化的效果。

以「員工對企業文化認同度」為例,說明結果量化方法的運用。

(1)明確「員工對企業文化認同度」是行政人事部重要指標,無法直接考核。

(2)對「員工對企業文化認同度」最終引發的結果進行分析。

分析得出如員工對企業文化認同，則不會輕易跳槽，會長期留在企業並積極主動工作，且工作效率高。

⑶根據分析的結果，設置可衡量的考核指標。

「員工流失率」、「人均效」、「考勤情況」、「積極性」等指標可體現「員工對企業文化認同度」。

6.行動量化方法

行動量化方法是指從分析完成某項結果出發，明確需要採取的行動，並對各項需要採取的行動設置考核指標的一種方法。

五、KPI 指標全公司體系的建立

KPI 指標體系的建立就是將總體 KPI 指標按照組織結構和業務流程在縱向、橫向上分解到各層次、各部門以至具體到人，依次採用層層分解、互為支持的方法，確定各部門、各職位的關鍵業績指標，並用定量或定性的指標確定下來。

1.分解企業戰略目標，建立企業級 KPI

如下頁圖表所示，明確企業的戰略目標，並用魚骨圖分析，尋找企業成功的關鍵要素，確定企業 KPI 維度，明晰獲得優秀業績所必須的條件和要實現的目標，企業級 KPI 主要包括以下三個方面的關鍵環節：

⑴企業高層確立公司的總體戰略目標。

⑵由企業(中)高層將戰略目標分解為主要的支援性子目標。

⑶將企業的主要業務流程與支援性子目標之間建立關聯。

2.確立部門級 KPI

各部門的主管需要依據企業級 KPI 建立部門級 KPI，並對相應部

門的 KPI 進行分解，確定相關的要素目標，分析績效驅動因素(技術、組織、人)，確定實現目標的工作流程，分解出各部門級的 KPI，以便確定評價指標體系。

3.建立職位 KPI

各部門的主管和部門的 KPI 人員一起結合職責與流程分析，將部門 KPI 進一步細分，分解為更細的 KPI 及各職位的業績衡量指標。這些業績衡量指標就是員工考核的要素和依據。

戰略目標魚骨圖分析

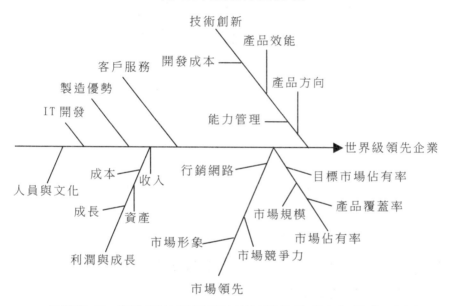

具體說來，提取崗位級指標時應以崗位說明書為基礎，選取 3～8 項最能反映被考核者業績的指標，並設置不同的權重。這時需要部門負責人詳細瞭解崗位工作內容，先找出主要工作，列出其中重要的 4～10 項指標，由從事該崗位工作人員、該崗位的直接上級選取出 3～8 項指標，必要時可以徵求人力資源管理專家的意見。選擇關鍵業

績指標時應從以下兩個方面考慮：一是對工作業績產生重大影響的工作內容；二是佔用大量工作時間的工作內容，下表所示是建立職位KPI的方法。

公司級 KPI 的分解

序號	公司級 KPI	公司級 KPI 的分解
1	人與文化	人員、工作氣氛、文化
2	技術創新	產品多樣性、回應市場的速度、研究開發的有效性
3	製造優秀	供應商管理、物料管理、品質改善
4	顧客服務	服務品質、培訓顧客、主要專案管理
5	市場領先	市場佔有率、行銷網路、市場形象、市場競爭力
6	利潤與增長	資產管理、收入管理、成本管理

部門級 KPI 體系：市場領先

要素	目標	序號	主要測量指標
市場佔有率	精確把握細分市場，洞曉顧客多樣化的產品需求，致力於市場滲透，贏得高速成長	1	市場與產品佔有率的增長速度
		2	引領產品革新運動
		3	產品組合在新市場的佔有率
		4	產品組合在現有市場的佔有率
		5	維持與延展產品生命週期的能力
行銷網路	建設、運營一個高效率、有效的分銷網路	1	行銷費用降低率
		2	顧客增長率
		3	顧客保有率
		4	回應顧客請求的時間
		5	贏得競爭對手的客戶數目
		6	新客戶的成長情況
		7	分銷管道管理
市場形象	在國內乃至全球範圍拓展公司的品牌知名度	1	品牌認知
		2	市場對公司品牌形象的期望與實際感受到的品牌形象之間的差異程度

市場部 KPI

市場行銷策略的有效性	品牌定位，策劃不同產品、不同客戶群的市場行銷策略
市場訊息的及時性、準確性	區域市場、客戶、新產品、競爭對手、經銷網路分析
管道管理	考察企業銷售管道的管理和控制能力
目標市場的認可度	考察客戶對企業的認知度
行銷費用	反映企業劉行銷費用的投入規模
行銷費用占銷售收入比例	反映企業對行銷費用的投入比重

某公司人力資源部經理的關鍵績效指標

序號	關鍵績效指標	考評目的/內容	考評方法	考評主體
1	人員供應	保證人員供應	主管以上，技術、行銷等關鍵崗位空缺率不高於×＿＿%	總經理
2	招聘效果	保證招聘質量	新員工試用不合格的比例不超過×＿＿%	總經理
3	培訓效果	培訓計劃執行情況	培訓效果滿意度調查	總經理
4	人員教育結構提高程度	促進員工自我教育，引進高素質員工	全體員工受教育平均年限提高數	總經理
5	考核薪酬工作差錯率	提高計算準確性	考核薪酬計算錯誤次數	總經理
6	員工流失率	降低員工流失	年員工流失不超過＿＿%	總經理
7	任務完成情況	公司下達的重要活動	期初確定里程碑(截止時間、階段性任務、品質標準)、期末檢查完成情況	總經理
8	預算控制	控制費用，降低成本	是否按預算制度使用資金,是否有超預算悄況	總經理

4.確定權重和評分標準

根據關鍵業績指標，確定各個指標的權重和評分標準。

5.對關鍵績效指標進行審核

主管與該職位及相關職位人員討論、審核關鍵業績指標的可行性及可操作性。例如，審核這樣的一些問題：多個評價者對同一個績效指標進行評價，結果是否能取得一致？這些指標的總和是否可以解釋被評估者80%以上的工作目標？跟蹤和監控這些關鍵績效指標是否可

以操作？等等。審核主要是為了確保這些關鍵績效指標能夠全面、客觀地反映被評價對象的績效，而且易於操作，如表所示。

KPI 業績考評體系

	分解經營計劃與財務預算	確定每一崗位的關鍵業績指標	定期跟蹤指標並製作報表	以指標為中心進行工作管理和業績考評
工作要點	每年年初由總經理、副總經理和財務部門制訂公司整體經營計劃和財務預算，再由人力資源部門統一制訂每個部門、職位的具體指標	依據三個判斷依據選擇各職位的關鍵業績指標： 1. 對公司價值/利潤的影響程度 2. 指標計算的可操作程度　該崗位對指標的可控程度	每個經營期末，由人力資源部負責計算結果，將報表作為公司上下級討論業績的依據。召開總經理辦公會，針對指標進行工作總結及計劃	年終根據關鍵業績指標的表現對各位幹部進行業績考評和實施獎懲
負責人	管理高層、財務部	總經理、副總經理、部門經理	人力資源部	依據考評管理流程

服務部門關鍵績效指標考核表

績效指標	指標定義	考評標準	被考評部門	考評部門
機要檔歸檔及時性與安全性	指公司重要、秘密文件等(電子)於每月 30 日前歸檔,並採取相應措施保證檔資料(電子文檔)的安全性	未按時歸檔每次扣 0.5～3 分,秘密資訊洩露每次扣 2～10 分,扣分幅度 15 分	職能部門	直接上級
印章使用準確性	指用章類型、流程、批准程式的正確性,借章的手續齊備	亂用、亂借印章每次 3～10 分,扣分幅度 15 分	行政服務部	直接上級
司機出車安全性	指出車過程中無安全事故、無違章違紀現象	出現一次安全事故扣 5～20 分,出現違章違紀現象每次扣 2～10 分,扣分幅度 30 分	行政服務部	直接上級
出車手續齊全性	指不能隨意出車,手續不齊全不出車,嚴禁利用車輛辦私事	每發現一次扣 1～5 分,扣分幅度 10 分	行政服務部	直接上級
產品出入庫手續齊全性	指嚴格按出入庫手續辦理產品出入庫,對手續不清的產品,嚴禁出入庫	每發現一次扣 2～7 分,扣分幅度 20 分	倉儲部	直接上級
產品出入庫正確性	指嚴格按產品出入單規定的內容出入產品,嚴禁亂發、亂收	每發現一次扣 5～20 分,扣分幅度 40 分	倉儲部	直接上級、客戶的反映
庫存賬准確性	指倉庫庫存(含進、出、存)賬需按規定建賬,且數據準確,賬卡物一致,字跡清晰	未按要求建賬扣 5～10 分,資料不準確每次扣 4～10 分,字跡不清楚每次扣 0.5～3 分,賬存物不一致,每次扣 1～5 分,扣分幅度 30 分	倉儲部	直接上級

績效指標	指標定義	考評標準	被考評部門	考評部門
設計製作及時性	指工程效果圖、銷售工具等設計製作在規定時間內完成，使用客戶不處於等待或追問狀態	發現一次不及時扣1～8分，扣分幅度15分	行銷服務部	直接上級、客戶的反映
設計製作出借次數	指未按圖紙或要求進行設計製作出現的次數，不得擅自改變客戶的設計要求	發現一次扣2～10分，扣分幅度20分	行銷服務部	直接上級、客戶的反映
設計製作效果	指客戶對所設計圖紙及銷售工具的滿意度	客戶反映一次不滿意扣1～5分，扣分幅度10分	行銷服務部	直接上級、客戶的反映
客戶檔案及有關個案的及時更新	指客戶檔案及有關個案按規定及叫更新，保證資料時效	未及時更新，每次扣2～5分，扣分幅度10分	行銷服務部	直接上級、資料需求部門的反映

六、員工KPI績效考核指標的確定

公司員工的 KPI 指標分為兩類：一是部門管理人員（部門經理）的 KPI 指標，它與部門的 KPI 指標是一致的，部門經理承擔著公司賦予自己的目標，而每個部門經理都是透過自己的部門或者團隊，來實現自己的管理目標的。另一類是員工的 KPI 指標。

設定員工 KPI 的流程如下：

1. 第一步──列出員工的工作產出

以行政秘書崗位為例，分析其績效指標的設置。行政部秘書的客戶關係如所示，可以行政部秘書的工作產出為：

‧起草、列印日常文件。

‧ 收集、整理各類文檔。

‧ 會議記錄。

‧ 差旅安排。

‧ 文件收發傳遞。

‧ 其他日常服務。

行政秘書客戶關係圖

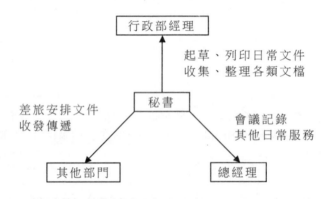

2.第二步——建立員工 KPI 指標

確定了員工的工作產出之後，就可以建立員工的 KPI 指標。以行政部秘書為例，其 KPI 指標為：

‧ 起草日常文件的及時準確性。

‧ 文檔的完整性。

‧ 會議記錄及時準確性。

‧ 文件收發及時準確性。

‧ 行政部經理滿意度。

3.第三步——設定各項績效指標的評估權重

設置權重時要根據員工的各項工作產出在工作目標中的「重要

性」而不是花費時間的多少來設定權重。以行政部秘書來說，起草報告文件可能並不是花費時間最多的工作，而日常的收發傳真、接聽電話、接待來客等花費的時間則更多，但從重要性來說，起草公文的重要性程度更高，對這項工作產出應設定較高的權重。

4. 第四步——得出完整的關鍵績效指標

設定各項績效指標，達到完成上述四個步驟，就可以得出員工完整的關鍵績效指標。以行政部秘書的 KPI 指標（如下表）為例：

行政秘書的 KPI 指標

指標	計算	權重	目標	實際完成
起草日常文件的及時準確性	每超過要求時間一天，扣50%；發現差錯，扣50%	30%		
義檔的完整性	每月檢查一次，發現不按規範歸檔，扣50%，文件缺失，扣100%	10%		
會議記錄及時准確性	每超過要求時間一天，扣50%；發現差錯，扣50%	20%		
文件收發及時准確性	每超過要求時間一天，扣50%	20%		
行政部經理滿意度	行政部經理評價	20%		

第2章

銷售人員績效考核方案

一、銷售部門關鍵考核指標設計

1. 銷售部關鍵績效考核指標

序號	KPI 關鍵指標	考核週期	指標定義/公式
1	銷售額/銷售量	月/季/年	考核期內各項業務銷售收入總計/銷售數量總計
2	銷售計劃達成率	季/年	$\dfrac{實際完成的銷售額或銷售量}{計劃銷售額或銷售量} \times 100\%$
3	年銷售增長率	年	$\dfrac{(當年銷售額-上一年度銷售額)}{上一年度銷售額} \times 100\%$
4	核心產品銷售收入	月/季/年	考核期內企業核心產品銷售收入總額
5	新產品銷售收入	季/年	考核期內新產品銷售收入總額
6	銷售費用節省率	季/年	$\dfrac{(銷售費用預算-實際發生的銷售費用)}{銷售費用預算} \times 100\%$

續表

7	銷售回款率	季/年	$\dfrac{實際回款額}{計劃回款額} \times 100\%$
8	壞賬率	季/年	$\dfrac{壞賬損失}{主營業務收入} \times 100\%$
9	市場佔有率	季/年	$\dfrac{當前企業產品銷售額或銷售量}{當前該類產品市場銷售額或銷售量} \times 100\%$
10	新增客戶數量	季/年	考核期內新增合作客戶數量

二、銷售人員績效考核量表設計

1. 銷售部經理績效考核指標量表

序號	KPI 關鍵指標	權重	目標值
1	銷售計劃達成率	20%	考核期內銷售計劃達到 100%以上
2	銷售增長率	15%	考核期內銷售額比去年同期（或上期）增長的比率達＿＿%以上
3	行銷方案預期目標實現率	10%	考核期行銷方案預期目標實現率達＿＿%以上
4	銷售費用節省率	5%	考核期內銷售費用有效控制，節省率達＿＿%以上
5	壞賬率	5%	考核期內壞賬率控制在＿＿%以下
6	銷售回款率	10%	考核期內銷售回款率達＿＿%以上
7	利潤率	10%	考核期內銷售利潤率達＿＿%以上
8	核心產品的市場佔有率	10%	考核期內核心產品的市場佔有率達＿＿%以上
9	新產品銷售收入	5%	考核期內新產品銷售收入達＿＿萬元以上
10	新增大客戶數量	5%	考核期內新增加大客戶數量達＿＿家以上
11	部門員工技能提升率	5%	考核期內達＿＿%以上

2.銷售主管績效考核指標量表

序號	KPI 關鍵指標	權重	目標值
1	銷售計劃達成率	15%	考核期內銷售計劃實現 100%以上
2	銷售額/銷售量	25%	考核期內達到____萬元/萬件以上
3	核心產品銷售收入	15%	考核期內核心產品銷售收入達到____萬元以上
4	核心客戶保有率	5%	考核期內核心客戶保有率達____%以上
5	壞賬率	5%	考核期內壞賬率控制在____%以下
6	銷售回款率	15%	考核期內銷售回款率達____%以上
7	銷售費用節省率	5%	考核期內銷售費用有效控制，節省率達____%以上
8	新開發客戶數量	10%	考核期內新開發客戶數量達到____家以上
9	客戶滿意度評價	5%	考核期內客戶滿意度評價達到____分以上

三、銷售人員績效管理方案

（一）總則

1.目的

為了使銷售人員明確自己的工作任務和努力方向，讓銷售管理人員充分瞭解下屬的工作狀況，同時促進銷售系統工作效率的提高，保證公司銷售任務的順利完成，特制定本方案。

2.適用範圍

本方案主要適用於對一線銷售人員的考核，考核期內累計不到崗時間（包括請假或其他各種原因缺崗）超過三分之一的銷售人員不參與考核。

3. 用途

使用本方案得出的績效考核結果將作為銷售人員的薪酬發放以及晉級、降級、調職和辭退的依據。

4. 原則

儘量採用可衡量的量化指標進行考核,減少主觀評價。考核標準的制定是通過協商和討論完成的。績效考核是對考核期內工作成果的綜合評價,不應將本考核期之前的行為強加於本次的考核結果中,也不能取近期的業績或比較突出的一兩個成果來代替整個考核期的業績。對於銷售人員的績效考核將力求體現公正的原則,但實際工作中不可能有絕對的公平,所以績效考評體現的是相對公平。

(二) 考核週期

1. 月考核

每月進行一次,考核銷售人員當月的銷售業績情況。考核時間為下月 1 日~10 日。

2. 年考核

一年開展一次,考核銷售人員當年 1~12 月的工作業績。考核實施時間為下一年 1 月 10 日~1 月 20 日。

3. 考核機構

銷售人員考核標準的制定、考核和獎懲的歸口管理部門是集團銷售總部。各銷售分公司、部門對銷售人員進行考核,考核結果上報銷售總部經理或行銷總監審批後生效。

（三）績效考核的內容和指標

銷售人員績效考核表

考核項目		考核指標	權重	評價標準
工作態度		員工出勤率	2%	①員工月出勤率達到 100%，得滿分，遲到一次扣 1 分（3 次及以內） ②月累計遲到三次以上者，該項得分為 0
		日常行為規範	2%	違反一次，扣 2 分
		責任感	3%	①工作馬虎，不能保質保量地完成工作任務且工作態度極不認真 ②自覺地完成工作任務，但對工作中的失誤有時推卸責任 ③自覺地完成工作任務且對自己的行為負責 ④除了做好自己的本職工作外，還主動承擔公司內部額外的工作
		服務意識	3%	出現一次客戶投訴，扣 3 分
工作績效	定量指標	銷售額完成率	20%	①計算公式：×100% $\dfrac{實際完成銷售額}{計劃完成銷售額} \times 100\%$ ②考核標準為 100%，每低於 5%，扣除該項 1 分；高於 5%另行規定
		銷售增長率	15%	與上一月或年的銷售業績相比，每增加 1%，加 1 分，出現負增長不扣分
		銷售回款率	15%	超過規定標準以上，以 5%為一檔，每超過一檔，加 1 分，低於規定標準的，記 0 分
		新客戶開發	10%	考核期內每增加一個新客戶，加 12 分
	定性指標	市場信息收集	3%	①在規定時間內完成市場信息的收集，加 1 分，否則記 0 分 ②每月收集有效信息不得低於＿＿條，每少 1 條扣 1 分

工作績效	定性指標	報告提交	2%	①在規定的時間之內將相關報告交到指定處，加 1 分，否則記 0 分 ②報告的品質評分為 2 分，達到此標準者，加 1 分，否則記 0 分
		銷售制度執行	2%	每違規一次，該項扣 1 分
		團隊協作	3%	因個人原因而影響整個團隊工作的情況出現一次，扣除該項 3 分
工作能力		溝通能力	5%	①能較清晰地表達自己的想法 ②有一定的說服能力 ③能有效地化解矛盾 ④能靈活運用多種談話技巧和他人進行溝通
		專業知識	5%	①瞭解公司產品基本知識 ②熟悉本行業及本公司的產品 ③熟練掌握本崗位所具備的專業知識，但對其他相關知識瞭解不多 ④熟練掌握業務知識及其他相關知識
		分析判斷能力	5%	①較弱，不能及時地做出正確的分析與判斷 ②一般，能對問題進行簡單的分析和判斷 ③較強，能對複雜的問題進行分析和判斷，但不能靈活運用到實際工作中來 ④非常強，能迅速地對客觀環境做出較正確的判斷，並能靈活運用到實際工作中，取得較好的銷售業績
		靈活應變能力	5%	①想法比較保守，應變能力較弱 ②有一定的靈活應變能力 ③應變能力較強，能根據客觀環境的變化靈活地採取相應的措施

對銷售人員的考核主要包括工作績效、工作能力、工作態度三部份內容，其權重分別設置為：工作績效佔 70%；工作能力佔 20%；工作態度佔 10%。

具體情況，如銷售人員績效考核表所示。

（四）考核實施程序

①由銷售總部安排相關人員在考核期之前，向各銷售分公司、相關部門發放「銷售人員績效考核表」，對銷售人員進行評估。

②考核期結束後的第 3 個工作日，各銷售分公司、相關部門向銷售總部提交「銷售人員的績效考核表」。

③考核期結束後第 5 個工作日，銷售總部完成考核表的統一匯總，並發給銷售人員本人進行確認，如有異議由銷售總部經理進行再確認。確認工作必須在考核期結束後的第 7 個工作日完成。

④考核期結束後的第 8 個工作日，銷售總部完成個人考核表的匯總統計。

⑤考核期結束後的第 10 個工作日，將個人考核結果發給其上級主管，將整體統計表提交銷售公司總經理和財務部門，財務部門依據考核結果按照《銷售人員薪酬激勵制度》進行薪金發放。

⑥如果需要對績效考核指標和方案進行修訂，上報總經理批准後，在考核期結束後的第 15 個工作日，由集團銷售部完成修訂工作。

（五）考核結果的運用

根據銷售人員的年績效考核的總得分，企業對不同績效的銷售人員進行銷售級別與薪資的調整。

四、銷售人員考核細則

第1條　考核目的
合理激勵員工的積極性和主動性，營造公平而有效的競爭環境和激勵體制。

第2條　考核原則
公平、公正、公開。

第3條　考核依據
1.公司整體經營效益。

2.團隊及員工個人所做的貢獻。

第4條　考核對象
行銷中心所有員工。

第5條　考核運用
各員工月薪資組成中的績效薪資和管理薪資部份，半年獎。

第6條　考核時間
每月底及季末。

第7條　績效考核目標

1. **管理目標**

⑴完善公司內部核算體制，積累各部門主要業務的關鍵控制指標資料，對指標資料進行統計分析，每月向總經理及行銷總監彙報有關指標資料的動態狀況並作比較分析。

⑵建立以「預算計劃」為核心的內部預控機制。每月25日前對下個月的各項費用作出計劃，每月5日對上個月的有關行銷費用作出總結、分析和修正，為合理進行費用控制提供有效依據。

(3)完善薪酬激勵和內部績效考核體系。貫徹執行行銷總部下達的有關店長、店員、拓展專員的績效考核文件，最大限度地激勵員工的工作積極性。

(4)加強企業文化建設。透過宣講、強制執行、主管帶頭執行等多種形式和方式逐步使員工養成自覺執行制度的習慣，同時採用簡報和組織活動等各種形式增強員工對企業的歸屬感，增加企業的凝聚力。

(5)加強團隊建設，建立以公司管理目標和管理制度為核心的行銷團隊，透過企業制度的完善和企業文化的建設調整員工的工作心態。

(6)加強企業形象建設，實現企業形象的逐步提升。

(7)政令暢通，回饋及時。按時按質完成上級交待的任務，及時向上級回饋完成情況或因客觀原因而未完成任務的情況。

2.業績目標

(1)行銷中心春夏季業績目標如下表所示。

行銷中心春夏季業績目標表

單位：萬元

月份 區域	9月份	10月份	11月份	12月份	1月份	2月份	合計
南區							
中區							
東區							
拓展銷售目標							

(2)行銷中心總體業績考核指標如下表所示。

行銷中心總體業績考核指標表

	考核指標	目標值	備註
1	銷售額	＿＿萬	月分解見月銷售回款指標一覽表
2	銷售回款率	＿＿%	
3	銷售毛利率	＿＿%	
4	銷售經營費用率	＿＿%	
	其中：店鋪費用率	＿＿%	
5	季末產品庫存率	＿＿%	
指標解釋	銷售額＝自營店鋪銷售額＋聯營店鋪銷售額＋專櫃銷售額		
	銷售回款額＝當期實際回款/當期應回籠銷售額		
	銷售毛利率＝銷售毛利額/當期應回籠銷售額×100%		
	銷售經營費用率＝經營費用額/銷售額×100%，經營費用包含行銷中心責任體全部費用		
	季末產品庫存率＝季末本季庫存產品成本/(期初庫存本季產品成本＋當期採購本季成本總額)×100%		

第 8 條　月薪資考核

1. 薪資組成

(1)效益型月薪資＝基本薪資(月薪標準×60%)＋效益薪資(月薪標準×30%)＋管理薪資(月薪標準×10%)。

適用對象：營運部經理、拓展部經理、分區經理、銷售代表、拓

展專員。

⑵管理型月薪資＝基本薪資(月薪標準×70%)＋管理薪資(月薪標準×30%)。

適用對象：行銷中心總部後勤人員及分區後勤人員。

2.效益型月薪資考核辦法

⑴營運部經理效益型月薪資考核辦法如下表所示。

營運部經理考核表

項目	考核指標	指標權重	對應薪資	考核說明
效益薪資	銷售額	0.30		應發薪資＝達成率×對應薪資。達成率<90%時，該項薪資為 0(含拓展計劃)
	銷售回款率	0.25		應發薪資＝對應薪資－(1－達成率)×100，即每下降 1%扣 100 元；達成率<90%時，該項獎勵為 0
	店鋪費用率	0.25		費用控制在目標值內，對應薪資全額發放；超過目標值時，應發薪資＝對應薪資＋(1－實際值/目標值)×100；實際值/目標值>105%時，該項獎金為 0
管理薪資	管理目標達成率	0.20		按管理目標，由行銷總監評估確定

(2)拓展部經理效益型月薪資考核辦法如下表所示。

拓展部經理考核表

項目	考核指標	指標權重	對應薪資	考核說明
效益薪資	銷售額	0.30		應發薪資＝達成率×對應薪資。達成率＜90%時，該項薪資為 0
	拓展費用率	0.25		應發薪資＝對應薪資－（1－達成率）×100，即每下降 1%扣 100 元；達成率＜90%時，該項獎勵為 0
	拓展計劃完成率	0.25		控制在目標值內，對應薪資全額發放；超過目標值時，應發薪資＝對應薪資＋（1－實際值/目標值）×100；實際值/目標值＞105%時，該項獎金為 0
管理薪資	管理目標達成率	0.20		按管理目標，由行銷總監評估確定

(3)分區經理效益型月薪資考核辦法如下表所示。

分區經理考核表

項目	考核指標	指標權重	對應薪資	考核說明
效益薪資	銷售額	0.25		應發薪資＝達成率×對應薪資。達成率＜90%時，該項薪資為 0（不含拓展計劃）
	銷售回款率	0.25		應發薪資＝對應薪資－（1－達標率）×100，即每下降 1%扣 100 元，達成率＜90%時需倒扣，直到效益薪資扣完為止
拓展薪資	拓展計劃完成率	0.25		應發薪資＝拓展計劃達成率×對應薪資。完成率＜50%時，該項薪資為 0
管理薪資	管理目標達成率	0.25		詳見管理評核表

⑷銷售代表效益型月薪資考核辦法如下表所示。

銷售代表考核表

項目	考核指標	指標權重	對應薪資	考核說明
效益薪資	銷售額	0.5		應發薪資＝達成率×對應薪資。達成率＜90%時，該項薪資為 0(不含拓展計劃)
	銷售回款率	0.25		應發薪資＝對應薪資－(1－達成率)×50，即每下降1%扣50元，達成率＜90%時需倒扣，直到效益薪資扣完為止
管理薪資	管理目標達成率	0.25		詳見管理評核表
月獎金	毛利率及銷售額達成率			毛利率達到 25%以上，銷售額達成率＞90%時，獎對應薪資的 50%；毛利率達到 30%以上，銷售額達成率＞100%時，獎全額對應薪資；毛利率＜25%或者銷售額達成率＜90%時，本項獎金為 0

註：為了加大基層管理的激勵力度，公司將根據當月業績達成情況給予銷售代表
一定獎勵，增加其月獎金。

第9條 半年獎金方案

1. 獎勵對象

各分區及行銷中心後勤有關部門。

2. 獎勵條件

本季銷售指標(不含計劃新開店銷售指標)達標 95%以上，毛利率
達成 25%以上。

3. 獎勵額度(按各分區銷售業績核算)

⑴本季銷售指標達成率在 95%以上，毛利率達成 25%以上時，獎
勵額度＝銷售回款額×0.5%。

⑵本季銷售指標達成率在 100%以上，毛利率達成 30%以上時，獎勵額度＝銷售回款額×1%。

　4.半年獎金分配方案

　⑴行銷中心整體銷售業績達成獎勵條件下的分配方案

　①達到獎勵條件的分區，提取該分區獎勵額度的 60%作為該分區人員的半年獎，按照行銷中心制定的分配原則由分區經理制定分配方案，經營運部覆核、行銷總監審批後執行。

　②分區獎勵額度的 40%作為行銷中心總部各部門(營運部、物控部、推廣部、行銷策劃部)的半年獎。按照行銷中心制定的分配方案經行銷總監審批後執行。

　③未達到獎勵條件的分區半年獎為 0。

　⑵行銷中心整體銷售業績未達成獎勵條件下的分配方案

　①達到獎勵條件的分區，提取該分區獎勵額度的 60%作為該分區人員的半年獎，按照行銷中心制定的分配原則由分區經理制定分配方案。經營運部覆核、行銷總監審批後執行。

　②分區獎勵額度的 40%作為該分區的公益金，主要用於該分區員工福利，由分區經理提交使用方案，經批准後執行。

　③未達到獎勵條件的分區半年獎為 0。

　④行銷中心總部各部門無半年獎。

　⑶分區半年獎分配原則

　分區經理，40%；銷售代表，30%；後勤人員 30%；具體方案由分區經理提交。

　⑷行銷中心總部半年獎分配原則

　營運部，20%；物控部，30%；推廣部，30%；策劃部，10%；拓展部，10%。

第 10 條　考核變更

1. 在考核期內，由於無法預測的事件導致工作計劃無法執行的，經行銷總監與總經理達成一致後，可以對工作計劃進行變更，交人力資源部備案。

2. 如果員工工作崗位在考核期內發生變動，其工作計劃將根據需要隨之進行變更。在對員工進行績效考核時，應主要依據工作時間超過考核期 1/2 的工作計劃，並由相應評估人為其評定考核成績。

心得欄 ----------------------------------

第 3 章

生產部門人員績效考核方案

一、生產技術部門關鍵績效考核指標

1.生產管理部關鍵績效考核指標

序號	KPI 關鍵指標	考核週期	指標定義/公式
1	生產計劃達成率	季/年	$\dfrac{實際產量}{計劃產量}\times100\%$
2	交期達成率	季/年	$\dfrac{交貨期無誤次數}{交貨總次數}\times100\%$
3	工作生產效率	季/年	$\dfrac{產出數量\times標準工時}{日工作小時\times直接人工數量-損失工時}\times100\%$
4	產品抽檢合格率	月/季/年	$\dfrac{實際合格數}{抽樣產品總數}\times100\%$
5	生產設備利用率	年	$\dfrac{開機總工時\times外部停機總工時}{開機總工時}\times100\%$

6	生產安全事故次數	季/年	考核期內生產安全事故發生的次數合計
7	生產成本下降率	季/年	$\dfrac{上期生產成本－當期生產成本}{上期生產成本}\times100\%$
8	內部利潤達成率	季/年	$\dfrac{實際完成的內部利潤額}{計劃完成的內部利潤額}\times100\%$

2.技術管理部關鍵績效考核指標

序號	KPI 關鍵指標	考核週期	指標定義/公式
1	新產品技術設計任務完成準時率	季/年	$\dfrac{實際設計週期}{計劃設計週期}\times100\%$
2	技術試驗及時完成率	月/季/年	$\dfrac{按時完成技術試驗次數}{技術試驗總次數}\times100\%$
3	標準工時降低率	根據實際	$\dfrac{改進前標準工時－改進後標準工時}{技術改進前標準工時}\times100\%$
4	技術工裝文件出錯損失	季/年	因本部門提供的技術工裝文件錯誤造成的損失金額
5	技術工裝文件差錯率	月/季/年	$\dfrac{出錯的技術工裝文件分數}{技術工裝文件總份數}\times100\%$
6	技術改進成本降低率	根據實際	$\dfrac{改進前生產成本－改進後生產成本}{技術改進前生產成本}\times100\%$
7	部門管理費用預算達成率	季/年	$\dfrac{實際發生費用}{費用預算總額}\times100\%$

3.生產工廠關鍵績效考核指標

序號	KPI 關鍵指標	考核週期	指標定義/公式
1	生產計劃按時完成率	月/季/年	$\dfrac{當期實際生產量}{當期計劃生產量} \times 100\%$
2	原材料申購準確率	月/季/年	$\dfrac{原材料申購無誤次數}{申購總次數} \times 100\%$
3	工作生產效率	季/年	$\dfrac{產出數量 \times 標準工時}{日工作小時 \times 直接人工數量 - 損失工時} \times 100\%$
4	在製品週轉率	季/年	$\dfrac{入庫成品原材料總成本}{(在製品期初庫存額 + 在製品期末庫存額) \div 2} \times 100\%$
5	產品抽檢合格率	季/年	$\dfrac{實際合格數}{抽樣產品總數} \times 100\%$
6	交期達成率	季/年	$\dfrac{交貨期無誤次數}{交貨總次數} \times 100\%$
7	標準產能實現率	月/季/年	$\dfrac{實際產能}{生產標準產能} \times 100\%$
8	生產安全事故次數	月/季/年	考核期內生產安全事故發生的次數合計
9	生產成本下降率	月/季/年	$\dfrac{上期生產成本 - 當期生產成本}{上期生產成本} \times 100\%$
10	補貨訂單按時完成率	月	$\dfrac{補貨訂單按時完成次數}{補貨訂單總次數} \times 100\%$

4.生產班組關鍵績效考核指標

序號	KPI 關鍵指標	考核週期	指標定義/公式
1	生產計劃達成率	月/季/年	$\dfrac{當期實際生產量}{當期計劃生產量}\times100\%$
2	工作生產效率	季/年	$\dfrac{產出數量\times標準工時}{日工作小時\times直接人工數-損失工時}\times100\%$
3	產品一次性合格率	月/季/年	$\dfrac{一次性合格的產品數量}{實際生產的產品數量}\times100\%$
4	產品返工率	月/季/年	$\dfrac{返工產品數量}{全部送檢產品數量}\times100\%$
5	工時標準達成率	月/季/年	$\dfrac{標準工時}{實際工時}\times100\%$
6	生產耗用材料總額降低率	月/季/年	$\dfrac{計劃耗用材料總額-實際耗用材料總額}{計劃耗用材料總額}\times100\%$
7	物耗標準達成率	季/年	$\dfrac{實際物耗}{標準物耗}\times100\%$
8	廢品率	月/季/年	$\dfrac{廢品量}{合格品數量+次品數量+廢品量}\times100\%$
9	生產安全事故次數	季/年	考核期內生產安全事故發生的次數合計
10	補貨訂單達成率	月/季/年	$\dfrac{補貨訂單按時按量完成次數}{補貨訂單總次數}\times100\%$

二、生產技術人員績效考核量表設計

1. 生產管理部經理績效考核指標量表

序號	KPI 關鍵指標	權重	目標值
1	產量計劃完成率	15%	考核期內確保生產產量計劃 100%完成
2	工作生產效率	10%	考核期內生產效率比上期要提高___%以上
3	產品抽檢合格率	15%	考核期內產品抽檢合格率不得低於___%
4	生產設備利用率	10%	考核期內不得低於___%
5	交期達成率	10%	考核期內確保交期達成率在___%以上
6	品質事故發生次數	5%	考核期內品質事故發生次數不得超過___次
7	生產成本下降率	10%	考核期內確保生產成本下降率達到___%
8	生產安全事故發生次數	5%	考核期內一般性的生產安全事故不超過___起，重大生產安全事故為 0
9	部門管理費用控制	5%	考核期內部門管理費用控制在預算範圍之內
10	內部利潤達成率	10%	考核期內利潤達成率不得低於___%
11	核心員工流失率	5%	考核期內核心員工流失率不得超過___%

2.技術設計主管績效考核指標量表

序號	KPI 關鍵指標	權重	目標值
1	新產品技術設計任務完成率	15%	考核期內確保新產品技術設計任務按計劃100%完成
2	技術試驗及時完成率	10%	考核期內確保技術試驗＿＿%按時完成
3	技術試驗報告按時完成率	10%	考核期內確保技術試驗報告100%按時完成
4	技術文件出錯損失	10%	考核期內因本部門提供的技術文件錯誤造成的損失金額不得超過＿＿萬元
5	技術文件差錯率	10%	考核期內的技術文件差錯率不得超過＿＿‰
6	技術問題及時解決率	10%	考核期內技術問題＿＿%以上都有在規定時間內給予解決
7	標準工時降低率	10%	考核期內確保標準工時降低率達＿＿%
8	技術改進成本降低率	15%	考核期內確保技術改進成本降低率達＿＿%
9	新技術開發費用控制	10%	考核期內新技術開發費用控制在預算範圍內

3.工裝設計主管績效考核指標量表

序號	KPI 關鍵指標	權重	目標值
1	工裝設計任務按時完成率	20%	考核期內確保 100%按時完成工裝設計任務
2	新模具開發成功率	15%	考核期內不得低於___%
3	模具設計週期	10%	模具的平均設計週期不得超過___天
4	模具設計準確率	15%	考核期內不得低於___%
5	工裝夾具結構的規格化	10%	考核期內規格嘩係數應高於___
6	工裝改進貢獻率	10%	考核期內應達到___%
7	工裝圖樣、工裝文件差錯率	5%	考核期內不得低於___%
8	新工裝設計及工裝改進費用控制	10%	考核期內新工裝設計及改進費用控制在預算範圍之內

4.生產計劃主管績效考核指標量表

序號	KPI 關鍵指標	權重	目標值
1	生產計劃編制工作按時完成率	15%	考核期內確保各類生產計劃 100%按時完成
2	生產計劃排程的準確率	15%	考核期內不得低於___%
3	生產計劃相關資料完整率	10%	考核期內生產計劃相關資料完整率達100%
4	生產效率	15%	考核期內確保能達___%以上
5	標準產能實現率	15%	考核期內確保能達___%以上
6	產能負荷分析的準確率	10%	考核期內不得低於___%
7	在製品週轉率	10%	考核期內確保能達___%以上
8	補貨單按時完成率	10%	考核期內確保補貨訂單 100%按時完成

5.生產調度主管績效考核指標量表

序號	KPI 關鍵指標	權重	目標值
1	生產調度會議召開及時率	15%	考核期內生產調度會議召開的及時率達到100%
2	生產調度會議紀要下發及時率	5%	考核期內生產調度會議紀要下發及時率達到100%
3	生產計劃按時完成率	20%	考核期內確保生產計劃 100%按時完成
4	生產計劃排程達成率	15%	考核期內確保生產進度 100%符合生產計劃排程
5	生產任務單的準確率	10%	考核期內確保根據生產計劃排程編制的任務單準確無誤，以便準時開展生產活動
6	原材料申購準確率	10%	考核期內確保達到＿＿%以上
7	生產設備利用率	10%	考核期內確保達到＿＿%以上
8	交期達成率	10%	考核期內確保交期達成率在＿＿%以上
9	補貨訂單按時完成率	5%	考核期內補貨訂單 100%按時完成

6.生產工廠主任績效考核指標量表

序號	KPI 關鍵指標	權重	目標值
1	生產計劃按時完成率	15%	考核期內確保產量、產值計劃 100%按時完成
2	生產計劃排程準確率	10%	考核期內不得低於＿＿%
3	產品抽檢合格率	15%	考核期內產品抽檢合格率不得低於＿＿%
4	生產效率	10%	確保本考核期內的生產效率比上一期的生產效率提高＿＿%

5	生產現場 5S 品質	5%	考核期內 5S 要求的不合格項數不得超過 ___項
6	交期達成率	15%	考核期內確保交期達成率在___%以上
7	工時標準達成率	5%	考核期內工時標準達成率達___%
8	物耗標準達成率	10%	考核期內應達到___%以上
9	生產安全事故發生次數	5%	考核期內一般性的生產安全事故不超過 ___起,重大生產安全事故為 0
10	有效的流程和制度得到實施的百分率	5%	考核期內確保有效的流程和制度 100%得到貫徹實施
11	員工技能提升率	5%	考核期內應達到___%以上

7.生產工廠班組長績效考核指標量表

序號	KPI 關鍵指標	權重	目標值
1	生產計劃按時完成率	20%	考核期內確保產量、產值計劃 100%按時完成
2	產品一次性合格率	25%	考核期內產品一次性合格率達到___%以上
3	生產效率	25%	確保本考核期內的生產效率要比上一期的生產效率提高___%
4	工時標準達成率	10%	考核期內工時標準達成率達___%
5	產品返工率	10%	考核期內產品返工率應控制在___%以內
6	生產安全事故發生次數	10%	考核期內一般性的生產安全事故不超過 ___起,重大生產安全事故為 0

8.生產安全員績效考核指標量表

序號	KPI 關鍵指標	權重	目標值
1	安全培訓計劃按時完成率	20%	考核期內安全培訓計劃 100%按時完成
2	安全培訓覆蓋率	20%	考核期內確保達到＿＿%以上
3	安全工作計劃按時完成率	20%	考核期內確保安全工作計劃 100%按時完成
4	生產安全事故發生次數	10%	考核期內一般性的生產安全事故不超過＿＿起，重大生產安全事故為 0
5	安全事故處理的及時率	20%	考核期內確保達到＿＿%以上
6	安全生產報告編制工作按時完成率	10%	考核期內確保安全生產報告編制工作 100%按時完成

9.生產工廠統計員績效考核指標量表

序號	KPI 關鍵指標	權重	目標值
1	生產統計及時完成率	15%	考核期內確保生產統計工作 100%及時完成
2	生產統計差錯率	10%	考核期內確保差錯率不得超過＿＿%
3	生產用物料統計準確率	20%	考核期內確保達到＿＿%以上
4	員工工時統計準確率	15%	考核期內確保達到＿＿%以上
5	計件員工薪資核算準確率	15%	考核期內確保達到＿＿%以上
6	在製品庫存盤點準確率	10%	考核期內確保達到＿＿%以上
7	生產成本核算準確率	15%	考核期內確保達到＿＿%以上

三、生產工廠主任績效考核方案

（一）考核目的

本著以下三個方面的目的對生產工廠主任實施績效考核。

1. 改進生產工廠主任的工作績效，提高工作技能。

2. 作為生產工廠主任年底獎金發放的重要依據。

3. 作為生產工廠主任調整、任用、降職的主要參考。

（二）考核對象

集團下屬分廠的各生產工廠主任。

（三）考核主管部門

生產管理部與人力資源部共同考核。

（四）考核時間

對生產工廠主任的考核，每半年考核一次，具體時間為 7 月份上半月考核上半年的工作，第二年 1 月份上半月考核上一年下半年的工作。

（五）考核指標體系設計

通過分析生產工廠主任的主要職責和工作事項，以產品生產產值（產量）和品質為出發點，考核產品的生產進度、成本、安全狀況等各種因素，設計生產工廠主任的績效考核指標體系，具體如下表所示。

生產工廠主任績效考核指標表

被考核者姓名			所屬分廠		所屬工廠		xx工廠
職位名稱		工廠主任	考 核 者		考 核 期		
考核指標	權重	評分標準			區　間	得分	資料來源
產量計劃按時完成率(A)	20%	A≤80%			0～50 分		生產管理部
		80%≤A<90%			51～70 分		
		90%≤A<95%			71～80 分		
		95%≤A<100%			81～90 分		
		A≥100%			91～100 分		
產品品質抽檢合格率(B)	20%	B≤80%			0～50 分		品質管制部
		80%≤B<90%			51～70 分		
		90%≤B<95%			71～80 分		
		95%≤B<100%			81～90 分		
		B≥100%			91～100 分		
交期達成率(C)	15%	C≤80%			0～50 分		銷售部
		80%≤C<90%			51～70 分		
		90%≤C<95%			71～80 分		
		95%≤C<100%			81～90 分		
		C≥100%			91～100 分		
管理制度及生產管理流程的合理性與規範性	10%	生產管理制度及相關流程的建設意識淡薄			0～50 分		生產管理部
		生產管理制度及相關流程欠缺			51～70 分		
		生產管理制度及相關流程均需進一步完善			71～80 分		
		生產管理制度合理、規範,生產管理澱程有待完善			81～90 分		
		生產管理制度及相關流程合理、規範,相關領導及部門的滿意度評分在90分以上			91～100 分		

續表

生產安全事故發生次數	10%	發生重大生產事故，事故對生產活劫造成嚴重影響	0～50分		生產工廠
		時有生產事故，事故對分廠整個生產影響較大	51～70分		
		偶有生產事故，事故性質較輕，影響不大	71～80分		
		基本沒有生產事故，安全工作開展較好	81～90分		
		沒有生產事故，安全工作開展十分順利	91～100分		
部門員工管理	10%	混亂，效率低下，浪費現象嚴重	0～50分		人力資源部
		不協調，存在浪費現象	51～70分		
		員工積極性一般，有成本節約意識	71～80分		
		員工工體制作積極，成本節約意識強	81～90分		
		員工積極性高，成本節約意識很強	91～100分		
工作態度	15%	工作消極，缺乏基本的責任心	0～50分		人力資源部
		工作不太積極，責任心一般	51～70分		
		工作積極，責任心高	71～80分		
		工作較為積極，責任心較高	81～90分		
		工作非常積極，責任心非常高	91～100分		
初核得分		覆核加（扣）分		最後得分	
考核主持人評語		時間		簽名	
人力資源總監審核		時間		簽名	
總裁辦公會審批		時間		簽名	

（六）考核實施

(A)考核主持人的選擇

1. 考核主持人原則上應是各工廠主任的直接上級，並保持有較長時間的上下級關係（半年以上）。

2. 考核期間，由於工作激發等原因，原上下級關係變更後，考核主持人到任時間少於半年，不能對考核人進行充分考核或考核有困難時，應另指定考核主持人（如被考核人的間接上級等），完成考核工作。

(B)生產工廠主任述職

被考核的生產工廠主任根據年工作目標協議書對考核期內的工作進行總結及找出自己在工作中的缺點和不足，在相關的會議上進行口頭述職。

(C)考核主持人進行考核

1. 考核主持人及考核小組成員根據目標管理體系和考核提綱，運用生產工廠主任的考核指標體系進行評定，打出分數、寫出評語，並將其填入考核表中。

2. 匯總考核結果，並將結果呈交總裁辦公會議和董事會審定，並確認其結果。

3. 被確認的考核結果就作為各生產宅間主任的考核結果，公佈於眾。

4. 考核應以背對背的形式進行。

（七）考核結果處理

1. 人力資源部根據總裁辦公會議做出的處理意見（如生產工廠主任的續聘、解聘、提升、調轉培訓等），辦理相關手續，並將生產工廠主任的考核結果存檔。

2.對執行目標管理成績優秀者和執行不力者分別予以獎勵和懲罰。具體獎勵和懲罰辦法應該和動態薪資的執行辦法一致。

四、生產工廠班組長績效考核方案

（一）考核目的

為加強生產工廠的班組建設，提高班組長的素質，全面評價班組長的工作績效，保證企業經營目標的實現，同時，為員工的薪資調整、教育培訓、晉升等提供準確、客觀的依據，特制定生產工廠班組長績效考核實施方案。

（二）考核原則

(A)公平公開原則

1.人事考評標準、考評程序和考評責任都應當有明確的規定且對企業內部全體員工公開。

2.考評一定要建立在客觀事實的基礎上進行評價，儘量避免摻入主觀性和感情色彩。

3.企業生產工廠所有班組長都要接受考核，同一崗位的考核執行相同的標準。

(B)定期化與制度化

績效考核制度作為人力資源管理的一項重要制度，企業所有員工都要遵守執行。將生產工廠班組長考核分為季考核和年考核兩種。

(C)定量化與定性化相結合

生產工廠班組長考核指標分為定性化與定量化兩種，其中，定性化指標權重佔 40%，定量化指標權重佔 60%。

(D)溝通與回饋

考核評價結束後，人力資源部或生產部門相關領導應及時與被考核者進行溝通，將考評結果告知被考核者。在回饋考評結果的同時，應當向被考評者就評語進行說明解釋，肯定成績和進步，說明不足之處，提出今後努力方向的參考意見等，並認真聽取被考核者的意見或建議，共同制訂下一階段的工作計劃。

（三）績效考核小組成員

人力資源部負責組織績效考核的全面工作，其主要成員包括人力資源部經理、生產部經理、生產工廠主任、人力資源部績效考核專員、人力資源部一般工作人員。

（四）生產工廠班組長績效考核內容

(A)生產工廠班組長季考核內容(如下表所示)

生產工廠班組長績效考核表(季)

編號：　　　　　　　　　　　　日期：　　年　月　日

姓　　名				部　　門		崗　位	生產工廠班組長
考核時間				考核週期			
業績指標	信息來源	考核人員	權重	考核標準			得分
				標準定義		得分區間	
產值達成率(A)	產值統計表	生產工廠主任	15%	A<0.8		0～50 分	
				0.8≤A<0.9		51～60 分	
				0.9≤A<1		61～80 分	
				1≤A<1.2		81～90 分	
				A≥1.2		91～100 分	

產品品質合格達成率（B）	月產品品質檢查表	生產工廠主任	15%	B＜0.7	0～50分
				0.7≤B＜0.8	51～60分
				0.8≤B＜0.9	61～80分
				0.9≤B＜1	81～90分
				B≤1	91～100分
排單計劃達成率（C）	日排單計劃及履行記錄	生產工廠主任	15%	C＜0.6	0～50分
				0.6≤C＜0.7	51～60分
				0.7≤C＜0.8	61～80分
				0.8≤C＜0.9	81～90分
				C≥0.9	91～100分
現場問題處理效果	技術問題處理記錄	生產工廠主任	25%	及時發現生產現場問題，處理十分妥當，沒有造成任何損失	91～100分
				及時發現生產現場問題，處理得當，造成的損失很小	81～90分
				能夠應對生產現場問題，採取處理措施，但造成一定損失	61～80分
				未能及時發現生產現場問題，處理措施一般，但造成較大損失	51～60分
				不能及時發現生產現場問題，且處理措施不當，造成很大損失	0～50分
工作態度	工作積極主動性及合作意識	生產工廠主任	15%	遠遠未完成計劃，給公司的正常工作開展帶來較大消極影響	60分以下
				未能達到計劃的要求，但尚未給公司帶來較大損失	61～70分
				與人很難相處，常有矛盾發生，消極	60分以下
				能與同事相處工作，偶爾有矛盾但能及時完成工作	61～70分
領導綜合滿意度	生產工廠主任	生產工廠主任	15%	達到計劃的基本要求，完成了基本目標	71～80分
				超出計劃要求，超過公司預期目標	81～90分
				大大超過計劃要求，給公司帶來預期外的較大收益	91～100分

續表

最終績效得分	
生產工廠主任評語	簽字：　　　　日期：　　年　月　日
人力資源部評語	簽字：　　　　日期：　　年　月　日

(B)生產工廠班組長年考核內容（如下表所示）

生產工廠班組長績效考核表(年)

編號：　　　　　　　　　　　　日期：　　年　月　日

姓　名		部　門		崗　位	生產工廠班組長
考核時間		考核週期			
考核事項	評分		權重		加權得分
工作態度			25%		
工作能力			30%		
工作業績			45%		
綜合得分					
工作業績考核細則表					
資料來源	月考核匯總表	人力資源部績效考核專員		季考核得分平均值	
生產工廠主任評語	簽字：　　　　日期：　　年　月　日				
人力資源部評語	簽字：　　　　日期：　　年　月　日				

（五）考核週期

對生產工廠班組長的考核，在績效考核小組的直接領導下進行，季考核的時間一般是下一個季開始第一個月的 1～10 日進行；年考核時間為次年 1 月的 5～20 日進行。

（六）考核實施

績效考核小組工作人員根據員工的實際工作情況展開評估，員工本人將自己的述職報告於考核期間交於人力資源部，人力資源部匯總並統計結果，在績效回饋階段將考核結果告知被考核者本人。

（七）考核結果的應用

考核結果分為五等（劃分標準如下表所示），其結果為人力資源部薪資調整、員工培訓、崗位調整、人事變動等提供客觀的依據。

績效考核結果等級表

A	B	C	D	E
優秀	好	合格	待提高	差

五、生產工廠工人績效考核方案

（一）考核目的

對生產工廠工人進行績效考核的主要目的包括五個方面。

1. 瞭解工人對組織的貢獻。

2. 為工人的薪酬決策提供依據。

3. 提高工人對企業管理制度的滿意度。

4. 激發工人的積極性、主動性和創造性，提高工人基本素質和工

作效率。

5.為工人的晉升、降職、培訓、調職和離職提供決策依據。

(二) 績效考核對象

1.已轉正的計件(時)工人。

2.實習工人、試用期工人、連續出勤不滿 3 個月的工人以及考核期間休假停職 3 個月以上(含 3 個月)的工人不列為此次考核的對象。

(三) 績效考核小組

1.績效考核人員。績效考核小組由三人組成,主體考核者(工人的直接上級)負責為工人評分,考核小組其他兩位成員參與並監督考核過程。

2.生產總監及總經理雖然不是本企業各崗位工人的最終評估人,但是保留對評估結果的建議權,並參與績效考核相關會議,提出相關培訓、崗位晉升以及工人處罰的要求。

3.績效考核人應該熟練掌握績效考核相關表格、流程、考核制度,做到與被考核人的及時溝通與回饋,公正地完成考核工作。

(四) 生產工廠工人績效考核內容

生產工廠工人績效考核指標、評分標準及相應的分配比例如下表所示。

生產工廠工人績效考核評分量表

考核項目 （權重）	考核內容	得分標準				得分
		優	良	中	差	
生產任務 完成情況 （15%）	生產計劃完成率（A）	8分	7分	5分	2分	
	生產定額完成率（B）	8分	6分	4分	2分	
	服從生產調度情況	4分	3分	2分	0分	
品質指標 （20%）	產品交驗合格率（C）	5分	4分	3分	2分	
	投入產出率（D）	5分	4分	3分	2分	
	技術標準的執行情況（點檢、首檢等相關的品質記錄）	5分	3分	2分	1分	
崗位知識 技能要求 （15%）	崗位技能	9分	7分	5分	3分	
	對品質主針、品質目標及品質要求的理解程度	6分	5分	3分	2分	
設備模具 工具維護 使　　用 （15%）	設備利用率	4分	3分	1分	0分	
	使用設備工具的合理性	4分	3分	2分	1分	
	設備模具故障率	4分	2分	1分	0分	
	設備模具維護保養	5分	4分	3分	1分	

續表

		優	良	中	差	
5S 執行 情　況 （15%）	操作及現場定置管理維持程度	4 分	4 分	3 分	1 分	
	工作現場、衛生包乾區的清潔程度	4 分	3 分	2 分	1 分	
	出　　勤	5 分	4 分	2 分	1 分	
	安全生產	4 分	3 分	1 分	0 分	
	勞保用品穿戴情況	4 分	3 分	2 分	0 分	
工作態度 （10%）	工作主動性、協作性	6 分	5 分	4 分	2 分	
工作紀律 （10%）	違紀情況	6 分	5 分	3 分	0 分	
加分項目	節能降耗(節約資金額度——E)	8 分	6 分	4 分	2 分	
	提高效率(工作效率提高率——F)	8 分	6 分	4 分	2 分	
	合理化建議所帶來的收益(G)	4 分	3 分	2 分	1 分	
綜合得分						

註：

1. 上表中的「優」、「良」、「中」、「差」的評價標準可參考「生產工廠工人績效考核評分標準說明表」，最終得分不超過 120 分。

2. 在績效改進中，員工合理化建議被驗收並採納，則按照本企業科技獎勵條例進行獎勵。工廠仍然加分，納入年終考核。

3. 在生產工作中，如違反企業技術品質紀律條例四類以上、違反公司行政紀律條例三類以上、違反安全紀律條例四類以上的，均實施一票否決。

生產工廠工人績效考核評分標準說明表

考核內容	評分標準			
	優	良	中	差
生產計劃完成率（A）	A=100%	95%≦A＜99%	90%≦A＜95%	A＜90%
生產定額完成率（B）	B=100%	95%≦B＜99%	90%≦B＜95%	B＜90%
產品交驗合格率（C）	C≧97%	96%≦C＜97%	95%≦C＜96%	94%≦C＜95%
投入產出率（D）	D≧99.5%	99.4%≦D＜99.5%	99.2%≦D＜99.4%	99.0%≦D＜99.2%
服從生產調度情況	完全服從	基本服從	一次不服從	兩次不服從
對品質主針、品質目標及品質要求理解程度	深刻理解	基本理解	有部份不理解	不瞭解
崗位技能	全部掌握本崗位技能，單項技能都達三星	掌握本崗位三項以上技能，技能都達三星	掌握本崗位二項以上的技能，都達三星	掌握本崗位一項以上技能，技能達三星
技術標準的執行情況	嚴格按技術要求操作	未違反技術品質紀律	違反一次技術品質紀律五類，一次不按要求填寫	違反兩次技術品質紀律五類，兩次不按要求填寫
設備利用率	用足用好設備	認真做好機台交班	造成設備空運轉一刻鐘	造成設備空運轉半小時以上
使用設備工具合理性	正確使用，維護得當，工具領用定額節約率10%	不按規定要求使用工具但未造成損失	不能正確使用工具並造成不超過100元的損失	不能正確使用工具並造成損失金額超過100元
設備模具故障率	無	人為造成一般設備模具故障停產2小時	人為造成嚴重設備模具故障停產0.5天	人為造成重大設備模具故障，停產1天

續表

設備模具維護保養	嚴格按照操作規程要求	能維持設備模具正常運轉,按要求點檢	設備模具運轉不正常,一次未按要求點檢	設備模具運轉不正常,兩次未按要求點檢
操作及現場管理的維持程度	按規程操作,現場管理好	能按規程操作	操作無序,定置管理意識差	極差
工作現場及衛生包乾區的清潔程度	環境整潔	一處不整潔	兩處不整潔	兩處以上不整潔
勞保用品穿戴情況	穿戴齊全	勞保用品穿戴不齊全 1 次	勞保用品穿戴不齊全 2 次	未正確穿戴勞保用品
違紀情況	無	違反五類行政紀律一次	違反五類行政紀律兩次	違反四類行政紀律一次
出勤	全勤	無遲到、早退,有病事假但不超過 2 天	一次以上遲到早退,有病事假 2～5 天,未刷卡一次	二次以上遲到早退,有病事假超過 5 天,未刷卡兩次
安全生產	安全意識強,無違章行為	未違反安全生產紀律	違反安全生產紀律,五類違紀一次	違反安全生產紀律,五類違紀兩次
工作主動性、協作性	工作積極主動,有良好的團隊合作精神	能與同事較好合作,及時完成工作	能與同事相處,工作中偶爾有矛盾但能及時完成工作	很難相處,常有矛盾發生,消極
工作效率提高率 (E)	E≧10%	5%≦E＜10%	3%≦E＜5%	E≦3%
節約資金額度 (F)	F≧1000	500≦F＜1000	200≦F＜500	F≦200
合理化建議所帶來的收益(G)	G≧1000	500≦G＜1000	200≦G＜500	G≦200

（五）考核時間安排

1.年中考核一年開展兩次，上半年考核時間是 6 月 30 日～7 月 15 日，下半年考核時間是本年 12 月 30 日～第二年的 1 月 15 日。

2.年考核一年開展一次，考核時間是本年的 12 月 30 日～第二年的 2 月 10 日。

（六）績效考核實施

(A)半年績效考核流程

1.半年績效考核的啟動

6 月 30 日，人力資源部經理召開績效考核動員大會，任命並授權績效考核小組，各績效考核小組必須在 2 個工作日內制訂並提交半年的績效考核計劃。

2.收集數據

7 月 1 日到 4 日，績效考核小組收集被考核人的業績、態度、技能等相關數據。

3.考核實施

7 月 4 日到 6 日，績效考核小組根據所收集的數據對被考核人進行考核。

4.業績考核溝通

7 月 6 日到 8 日，績效考核小組將考核結果與被考核人進行充分溝通，瞭解被考核人對考核結果的回饋意見。

5.提交考核表格

7 月 9 日，績效考核小組將確認後的考核結果提交人力資源部。

6.整理考核資料

7 月 10 日，人力資源部指定專人將考核結果整理歸類。

7.核算薪酬

7 月 15 日，人力資源部根據工人半年考核得分出具《職層、職級變動證明》，交付財務部及薪資在算部門，作為薪資發放的依據。財務部及薪資核算部門在收到《職層、職級變動證明)的第二個月按照新的薪資係數核算該工人的薪資。

(B)年績效考核流程

1.年績效考核的啟動

12 月 30 日，人力資源部經理召開績效考核動員大會，任命並授權績效考核小組，各考核小組必須在 2 個工作日內制訂並提交本年績效考核計劃與下年績效考核指標調整議案。

2.數據收集

1 月 2 日到 4 日，績效考核小組收集被考核人的業績、態度、技能等相關數據。

3.考核實施

1 月 4 日到 6 日，績效考核小組根據所收集的數據對被考核人進行考核。

4.考核溝通

1 月 6 日到 12 日，績效考核小組將考核結果與被考核人充分溝通，瞭解被考核人對考核結果的回饋意見。

5.提交考核表格

1 月 13 日，績效考核小組將確認後的考核結果提交人力資源部。

6.整理考核資料

1 月 14 日，人力資源部指定專人將考核結果整理歸類。

7.核算薪酬

1 月 15 日，人力資源部根據工人年考核得分出具《職層、職級

變動證明》交付財務部及薪資核算部門，作為薪資發放的依據。財務部及薪資核算部門在收到《職層、職級變動證明》的下個月，按照新的薪資係數核算該工人的薪資。

心得欄

第 **4** 章

生產部門績效考核技巧

一、生產部門的工作分析

對生產部門的績效管理是為了通過績效管理部門的績效管理工作幫助生產部門以及生產崗位工作人員達到所期望的目標。績效管理的目的是通過績效管理工作使企業薪酬制度具有真實、公平性；使員工得到應有的報酬；使員工得到工作上的公正評價；使員工受到監督和激勵；使公司績效進一步得到提高；使公司瞭解目前公司運行的狀態；提供晉升選拔評定依據。因此，生產部門的績效管理必須按照合理的績效管理流程，遵循績效管理的原則進行。

瞭解生產部門關鍵績效工作是做好績效考核的第一步。績效考核不是毫無重點地對所有工作內容進行一視同仁的考核，而是側重於關鍵績效工作的考核。因此，瞭解生產部門的績效工作是做好生產部門績效考核的前提。

二、生產部門的績效指標

　　根據生產部門的關鍵績效工作，我們可以提煉出生產部門的績效考核指標。由於不同的企業對生產部門的定位和具體工作要求不同，其績效考核指標也有很大的區別。

　　績效指標中，生產能力指標都是一個極為重要的指標，是生產部門績效考核必須關注的核心。因此，企業對生產部門的生產能力必須有清楚的認識。

　　一個企業所擁有的生產能力過小或過大都很不利，能力過小，會失去很多機會，造成機會損失；能力過大，導致設備閒置、人員富裕、資金浪費。因此，企業必須做好生產能力的規劃和決策，制定週密細緻的生產能力計劃。特別是在多品種、中小批量生產正逐步成為生產方式主流的情況下，生產能力柔性成為競爭的一個關鍵因素，能力決策顯得更為重要。

三、構建生產部門的績效指標體系

　　對於生產部門來說，考核績效的內容應該分為兩個方面，一方面是個人考核，另一方面是團隊考核。生產部門的績效考核指標體系中，主要是對團隊績效的考核，但是，對生產經理等生產部門的管理人員，必須注意在考核個人績效的同時，考核其所在團隊的績效。

四、選擇最適合的績效考核方法

在確定績效考核指標與指標體系的同時，企業還必須為具體的績效考核確定最適合的績效考核方法。選擇最適合的績效考核方法需要從績效考核指標與方法的對應匹配和績效考核方法本身的適用性兩個角度來考慮。

生產部門的績效考核可以依據業績可量化指標來考核，依據績效管理的設置，按照制度標準進行考核。這種考核最有效的方法就是依照職位與績效管理相對應的方法。

生產部門適用的考核的方法有：職務分層考核、部門分類考核、崗位制考核等。

不同的績效考核方法的應用條件、應用成本和具體作用都是不同的，企業對生產部門進行績效考核時，應該對這些方法的應用條件、成本和作用有深入瞭解。

五、確定生產部門和績效考核週期和人員

生產部門的績效考核週期和考核人員的確定主要應該根據績效考核指標類型和選用的績效考核方法來確定，同時考慮生產部門的績效考核是對部門的考核，其週期相對於具體職位人員應該更長一些。

六、生產部門的績效評估

　　確定生產部門的績效考核指標、方法、週期和人員之後，生產總監和人力資源經理應該就這些考核的要點和要求與生產部經理和關鍵員工展開充分的交流和溝通。具體來說，生產部門的績效溝通應該由生產總監來安排。績效考核溝通一方面應該在績效考核標準確定之後進行，另一方面，應該在績效考核完成後一週之內進行，並送人力資源部備案。

　　完成生產部門的績效考核準備後，就可以具體執行績效考核，進行績效評估了。績效評估具體執行的步驟一般如下所示：

1. 收集生產部門績效資訊

　　對生產部門全面、準確的績效評估必須以充分全面的工作資訊為基礎。收集生產部門績效資訊的途徑和方法有很多。常用的收集績效資訊方法有問卷調查法、資料分析法和面談法等。

2. 分析生產部門績效資訊

　　收集到充分的績效資訊後，還需要認真分析這些績效資訊，確認資訊的準確性和資訊所反映出來的績效工作狀況。通過分析績效資訊，企業可以更好地把握生產部門的工作狀況，瞭解生產部門有效的績效工作，把握生產部門中與績效沒有太大關係的工作方法，控制生產部門的非績效行為。

3. 要控制非績效行為

　　實際工作中，人們都傾向於把一個人是否經常處於忙碌狀態作為衡量他能否創造績效的重要標準。但實質上，忙碌與否與創造績效的大小並沒有必然的聯繫。很多時候，很多人的忙碌其實是不能帶來績

效或只能帶來很小績效的非績效行為。在生產部門，很多時候人們所做的工作按企業生產戰略目標的要求來衡量，是「不重要，不緊急」的，甚至，有時候相當一部份人所做的工作是「極不重要，也不緊急」的，在一些沒有任何效果的工作上浪費了大量的時間和精力。因此，生產部門必須分清自己每天工作的重要程度與有效性，並把這種觀念在部門的員工間進行推廣，將績效從觀念轉變為現實的可執行命令。

4. 評價績效

績效評估的核心是對具體績效的評估，因此，評價生產部門的績效是生產部門績效考核最關鍵的工作。評價生產部門的績效包括兩個方面：對工作行為的評價和對工作效果的評價。

5. 形成績效考核表

通過收集績效資訊，並對這些資訊進行分析，同時有效地控制非績效行為，就可以形成績效考核表了。

6. 接受績效申訴

對績效考核的結果，被考核者如有不同意見，又能夠提出合理的證據，那麼考核者就應該接受被考核者的申訴。

7. 形成績效考核報告

經過前面的幾個流程，結合績效考核表等表格，基本上就能夠得出生產部門的績效考核結論了。

七、落實績效考核結果

對生產部門的績效考核完成，得到績效考核結果之後，企業必須通過各種方式把績效考核結果落實到具體層面上，使績效考核的真正作用得到發揮。通過績效考核結果，企業可以更好地展開對生產部門

的績效管理。

八、生產部門的績效改進

績效改進是對被考核者工作的回饋。員工在得知了考核結果後，並不意味著考核工作的完結，績效考核的最終目的就是改進績效。所以，在對生產部門績效考核結束後，企業要與生產部門進行有效溝通，瞭解其心態與困難，解決其改進工作中存在的障礙。

一般來說，績效改進是採取一系列的行動來改進生產部門的績效，包括做什麼、誰來做以及何時做。

生產部門的績效改進應該達到以下 3 個要求：

1. 目標實際，可實現

擬定的改進目標必須與待改進的績效相符合。

2. 有明確的時間要求

績效改進計劃的擬定必須有截止的日期，而且這個日期應該與部屬一起來制定，以使之更切合實際。

3. 明確具體地交待清楚績效改進內容

只有明確交待績效改進內容，才能夠有效改進績效。例如，與下屬溝通不良是需要改進的地方，那麼可以要求被考核者去讀一本有關溝通的書，這時應該把指定閱讀的書名全列出來，而不是僅僅告訴他「去讀一本有關溝通的書籍」。

第5章

技術研發人員績效考核方案

一、技術研發部門關鍵考核指標設計

1. 技術部關鍵績效考核指標

序號	KPI 關鍵指標	考核週期	指標定義/公式
1	工作目標按計劃完成率	年	$\dfrac{實際完成工作量}{計劃完成工作量} \times 100\%$
2	技術改造費用控制率	年	$\dfrac{技術改造發生費用}{技術改造費用預算} \times 100\%$
3	技術創新使材料消耗降低率	年	$\dfrac{改進前工序材料消耗-改進後消耗}{改進前工序材料消耗} \times 100\%$
4	技術創新使標準工時降低率	年	$\dfrac{改進前標準工時-改進後標準工時}{改進前標準工時} \times 100\%$

續表

5	重大技術改進項目完成數	年	當期完成並通過驗收的重大技術改進項目總數
6	技術服務滿意度	年	對技術服務對象進行隨機調查的技術服務滿意度評分的算術平均值
7	內部技術培訓次數	年	考核期內進行內部技術培訓的次數
8	外部學術交流次數	年	當期進行外部學術交流的次數

2.研發部關鍵績效考核指標

序號	KPI 關鍵指標	考核週期	指標定義/公式
1	研發項目階段成果達成率	年	$\dfrac{各項目實施階段成果達成數}{計劃達成數}\times100\%$
2	項目開發完成準時率	年	$\dfrac{開發實際週期}{開發計劃週期}\times100\%$
3	科研課題完成量	年	當期完成並通過驗收的課題總數
4	科研項目申請成功率	年	$\dfrac{項目申請成功數}{項目申請總數}\times100\%$
5	科研成果轉化效果	年	當期科研成果轉化次數
6	產品技術穩定性	年	投放市場後產品設計更改的次數
7	試驗事故發生次數	年	當期試驗事故發生次數
8	研發成本控制率	年	$\dfrac{實際技術改造費用}{預算費用}\times100\%$
9	新產品利潤貢獻率	年	$\dfrac{新產品利潤總額}{全部利潤總額}\times100\%$

二、技術研發人員績效考核量表設計

1.技術部經理績效考核指標量表

序號	KPI 關鍵指標	權重	目標值
1	部門工作計劃完成率	20%	部門工作按計劃 100%完成
2	技術方案提交及時率	5%	技術方案提交及時率達到 100%
3	技術方案採用率	10%	提交的技術方案被採用的比例達到___%以上
4	技術改進項目完成數	15%	重大技術改進項目完成數在___項以上
5	部門規章制度建設	10%	部門制度建設完善並得到 100%執行
6	標準工時降低率	10%	技術創新使標準工時降低率達到___%以上
7	材料消耗降低率	5%	技術創新使材料消耗降低率達到___%以上
8	技術改造費用控制率	10%	技術改造費用控制率在___%以下
9	內部技術培訓次數	5%	考核期內進行內部技術培訓的次數在___次以上
10	外部學術交流次數	5%	考核期內進行外部學術交流的次數在___次以上
11	部門員工管理	5%	部門員工績效考核平均得分在___分以上

2. 研發部經理績效考核指標量表

序號	KPI 關鍵指標	權重	目標值
1	研發項目階段成果達成率	15%	研發項目階段成果達成率在＿＿%以上
2	項目開發完成準時率	10%	項目開發完成準時率在＿＿%以上
3	科研項目申請成功率	5%	科研項目申請成功率到達到＿＿%以上
4	產品技術重大創新	加分項	每次酌情加 5～10 分
5	科研成果轉化效果	5%	本年實現科研成果轉化在＿＿項以上
6	開發成果驗收合格率	5%	開發成果驗收合格率達到 100%
7	部門規章制度建設	10%	部門規章制度建設完善並得到 100%執行
8	試驗事故發生次數	5%	試驗事故發生次數在＿＿次以下
9	研發成本控制率	10%	項目研發成本控制率達＿＿%
10	新產品投資利潤率	15%	新產品投資利潤率在＿＿%以上
11	新產品利潤貢獻率	15%	新產品利潤貢獻率在＿＿%以上
12	部門員工管理	5%	部門員工績效考核平均得分在＿＿分以上

3.技術主管績效考核指標量表

序號	KPI 關鍵指標	權重	目標值
1	技術方案及時率	15%	技術方案提交及時率達到 100%
2	團隊任務完成率	20%	團隊任務按計劃 100%完成
3	技術方案採用率	10%	技術方案採用率達到___%以上
4	技術改進項目完成數	10%	重大技術改進項目完成數在___項以上
5	技術方案差錯率	5%	技術方案中出現嚴重錯誤的次數在___次以下
6	技術改造費用控制率	10%	技術改造費用控制率達___%
7	技術資料提供及時率	10%	技術資料提供及時率達到 100%
8	技術問題解答滿意度	10%	技術投訴發生次數在___次以下
9	技術服務滿意度	10%	相關部門對技術服務滿意度評分在___分以上

4.研發主管績效考核指標量表

序號	KPI 關鍵指標	權重	目標值
1	團隊任務完成率	20%	團隊任務按計劃 100%完成
2	科研課題完成量	5%	當期完成並通過驗收的課題總數達到___項
3	項目開發完成準時率	15%	項目開發完成準時率達___%
4	產品技術穩定性	10%	投放市場後產品設計更改的次數在___次以內
5	產品技術重大創新	加分項	每次酌情加 5～10 分

續表

6	開發成果驗收合格率	15%	開發成果驗收合格率達到 100%
7	研發方案差錯率	10%	研發方案中出現嚴重錯誤的次數在＿＿次以下
8	試驗事故發生次數	5%	試驗事故發生次數在＿＿次以下
9	基礎模組共用率	10%	基礎模組共用率達到＿＿%以上
10	研發成本控制率	10%	項目研發成本控制在＿＿%以下

5.技術專員績效考核指標量表

序號	KPI 關鍵指標	權重	目標值
1	技術方案提交及時率	15%	技術方案提交及時率達到 100%
2	技術資料提供及時率	10%	技術資料提供及時率達到 100%
3	工作任務按時完成率	20%	工作任務按計劃 100%完成
4	技術資料發放準確性	5%	投訴發生次數在＿＿次以下
5	技術資料丟失率	5%	技術資料丟失率為 0
6	技術資料歸檔及時率	10%	技術資料未進行及時歸檔的次數在＿＿次以下
7	技術服務滿意度	15%	相關部門對技術服務滿意度評分在＿＿分以上
8	對外技術保密	10%	技術資料對外洩漏發生率為 0
9	團隊協作滿意度	10%	團隊協作滿意度評分＿＿分以上

6.研發專員績效考核指標量表

序號	KPI 關鍵指標	權重	目標值
1	工作任務按時完成率	20%	工作任務按計劃 100%完成
2	開發成果驗收合格率	15%	開發成果驗收合格率達到 100%
3	項目開發完成準時率	15%	項目開發完成準時率達___%
4	圖紙繪製達成率	5%	圖紙繪製達成率在___%以上
5	設計的可生產性	10%	設計成果不能投入生產情況發生次數為 0
6	對外技術保密	10%	技術資料對外洩漏發生率為 0
7	技術資料的丟失率	5%	技術資料的丟失率為 0
8	產品技術重大創新	加分項	每次酌情加 5～10 分
9	團隊任務完成率	10%	團隊任務按計劃 100%完成
10	團隊協作滿意度	10%	團隊協作滿意度評分在___分以上

三、技術研發人員績效考核方案

（一）總體設計思路

(A)考核目的

為了全面並簡潔地評價公司技術研發人員的工作成績，貫徹公司發展戰略，結合技術研發人員的工作特點，制定本方案。

(B)適用範圍

本公司所有技術研發人員。

(C)考核指標及考核週期

針對技術研發人員的工作性質，將技術研發人員的考核內容劃分為工作業績、工作態度、工作能力考核，具體考核週期如下表所示。

考核週期分佈表

考核指標類型	工作態度	工作能力	工作業績
考核週期	月/季/年	月/季/年	項目結束/年

(D)考核關係

由技術研發部門主管會同人力資源部經理、考核專員組成考評小組負責對生產人員的考核。

（二）考核內容設計

(A)工作業績指標

工作業績考核表

人員類型	關鍵業績指標	考核目標值	權重	得分
技術人員	技術方案採用率	技術方案採用率達到___%以上	20	
	技術設計完成及時率	技術設計完成及時率達到___%以上	30	
	技術服務滿意度	相關部門對技術服務滿意度評價的評分在___分以上	15	
技術人員	技術改造費用控制率	技術改造費用控制率達到___%	20	

續表

技術人員	技術資料歸檔及時率	技術資料歸檔及時率達到100%	15	
研發人員	新產品開發週期	實際開發週期比計劃週期提前＿＿天	20	
	設計的可生產性	成果不能投入生產情況發生的次數少於＿＿次	15	
	技術評審合格率	技術評審合格率達到100%	25	
	研發成本降低率	研發成本降低率達到＿＿%以上	20	
	項目計劃完成率	項目計劃完成率達到100%	20	

(B)工作態度指標

工作態度考核表

指標名稱	考核標準								總分	得分
	優		良		中		差			
	標準	得分	標準	得分	標準	得分	標準	得分		
學習意識	強烈	20	有	15	一般	13	無	4	20	
團隊意識	強烈	25	有	22	一般	13	無	5	25	
工作積極性	非常高	25	很高	22	一般	13	無	5	25	
工作責任心	強烈	30	有	25	一般	17	無	6	30	

(C)工作能力指標

工作能力考核表

指標名稱	考核標準								總分	得分
	優		良		中		差			
	標準	得分	標準	得分	標準	得分	標準	得分		
創新能力	非常強	15	較強	12	一般	8	較弱	3	15	
學習能力	非常強	15	較強	12	一般	8	較弱	3	15	
理解能力	非常強	10	較強	8	一般	6	較弱	3	10	
分析能力	非常強	20	較強	15	一般	12	較弱	3	20	
判斷能力	非常強	20	較強	15	一般	12	較弱	3	20	
計劃能力	非常強	20	較強	15	一般	12	較弱	3	20	
應變能力	非常強	10	較強	8	一般	6	較弱	2	10	

(D)年績效考核

年績效考核表

被考核者		部　門		崗　位	
考　核　者		部　門		崗　位	
指標類型	平均得分		所佔權重	折合分數	
工作態度			20%		
工作能力			15%		
工作業績			65%		
合　　計			100%		
特別加分事項				分　　數	證明人

續表

註：特別加分事項需要附相關證明材料
績效考核總評
績效改進意見
期末評價 □優秀：出色完成工作任務　　□符合要求：完成工作任務 □尚待改進：與工作目標相比有差距 考核者：　　　　　　　　　被考核者： 　　　　　　　　　　　　　　　　年　　月　　日

（三）考核實施

技術研發人員的考核過程分為三個階段，構成完整的考核管理循環。這三個階段分別是計劃溝通階段、計劃實施階段和考核階段。

(A)計劃溝通階段

①考核者和被考核者進行上個考核期目標完成情況和績效考核情況回顧。

②考核者和被考核者明確考核期內的工作任務、工作重點、需要完成的目標。

(B)計劃實施階段

①被考核者按照本考核期的工作計劃開展工作，達成工作目標。

②考核者根據工作計劃，指導、監督、協調下屬員工的工作進程，並記錄重要的工作表現。

(C)考核階段

考核階段分績效評估、績效審核和結果回饋三個步驟。

1. 績效評估

考核者根據被考核者在考核期內的工作表現和考核標準，對被考核者評分。

2. 結果審核

人力資源部和考核者的直接上級對考核結果進行審核，並負責處理考核評估過程中所發生的爭議。

3. 結果回饋

人力資源部將審核後的結果回饋給考核者，由考核者和被考核者進行溝通，並討論績效改進的方式和途徑。

（四） 績效結果運用

(A)績效面談

考評者對被考評者的工作績效進行總結，並根據被考評者有待改進的地方，提出改進、提高的期望與措施，同時共同制定下期的績效目標。

(B)績效結果運用

1. 薪酬調整

技術研發人員薪資與績效考核結果直接掛鈎，具體標準有：

①年績效考核得分在 95 分以上的，薪資等級上調兩個等級，但不超過本職位薪資等級的上限。

②年績效考核得分在 80 分到 95 分(含)的，薪資等級上調一個等級，但不超過本職位薪資等級的上限。

③年績效考核得分在 60 分到 80 分(含)的，薪資等級不變；

④年績效考核得分在 60 分以下的，薪資等級降一個等級，但不低於本職位薪資等級的下限。

2.培訓

年績效考核得分在 80 分(含)以上的員工，有資格享受公司安排的提升培訓。年績效考核得分在 70 分(含)以上的員工，可以申請相關培訓，經人力資源部批准後參加。年績效考核得分在 60 分(含)以下的員工，必須參加由公司安排的適職培訓。

（五） 績效申訴

(A)申訴受理

被考核人如對考核結果不清楚或者持有異議，可以採取書面形式向人力資源部績效考核管理人員申訴。

(B)提交申訴

員工以書面形式提交申訴書。申訴書內容包括申訴人姓名、所在部門、申訴事項、申訴理由。

(C)申訴受理

人力資源部績效考核管理人員接到員工申訴後，應在三個工作日做出是否受理的答覆。對於申訴事項無客觀事實依據，僅憑主觀臆斷的申訴不予受理。

受理的申訴事件，首先由所在部門考核管理負責人對員工申訴內容進行調查，然後與員工直接上級、共同上級、所在部門負責人進行協調、溝通。不能協調的，上報公司人力資源部進行協調。

(D)申訴處理答覆

人力資源部應在接到申訴申請書的 10 個工作日內明確答覆申訴人。

四、研發人員項目績效考核實施方案

（一）考核目的

為了有效地配合本公司的技術戰略，激勵參與研發項目的技術研發人員的工作積極性，除適用於部門內部的績效考核方案，還要對其在所參與項目中的工作表現進行考核。

（二）考核對象

參與研發項目的所有技術研發人員。

（三）考核週期

從項目啟動日開始到項目評估通過日止，項目考核在項目結束後的 15 個工作日內進行。

（四）考核實施步驟

(A)項目總體評估

項目結束後，由公司內研發總監組織相關人員對項目進行總體評價，並確定項目的評估等級。

(B)項目實發獎金總額的確定

本公司項目實發獎金總額與項目評估等級直接掛鉤，具體標準如下表所示。

獎金總額發放表

項目等級	甲	乙	丙	丁
獎 金 額	Z×1.2	Z×1.0	Z×0.8	Z×0.6

註：Z為項目應發獎金額，在項目啟動時確定。

(C)項目組工作量評估

工作量的評估採用專家判定的方法。事前判定和事後評定相結合。對於事前不能確定工作量的任；務或應急的任務，可採用事後集中評定的方式。

工作量首先由項目經理進行估計，再由研發部根據任務的規模、技術不同，另請不同部門相關技術的人員 3～6 人進行評估，去掉一個最高值和一個最低值，計算平均值為該任務的標準工作量。項目經理、研發部經理估計的工作量作為主要依據，在計算平均值時按照雙倍權值進行運算。

例如，某項目經理為某一任務確定的工作量為 9，研發部經理確定為 8，其他人員分別為 7、11、7、5、8，那麼最後的標準工作量為：

$$(9\times2+8\times2+7+7+8)/7=8$$

項目組成員根據任務的多少，通過工作量累加的辦法，確定自己總的工作量。

(D)任務薪點的確定

根據每一個項目應發獎金總額和項目參與人員的工作量總和，計算項目的任務薪點，即每一標準工作量對應的薪點數。

任務薪點＝項目應發獎金總額/∑項目參與人員工作量

(E)個人薪點的確定

根據項目參與人員的績效考核結果，確定個人薪點數，計算公式如下。

個人薪點＝任務薪點×個人考核係數

項目參與人員的績效考核，採取項目組內部考核的辦法，即由項目經理考核項目執行人，項目經理由研發部經理或研發總監進行考核。具體考核內容如下表所示。

項目績效評估卡

姓名：　　　　　　　　　　　　　　崗位：

任務描述	目標值	權重	得分
1.			
2.			
3.			
合　　　計		100%	

考核人(簽字)：　　　　　　　　　被考核人(簽字)：

根據任務完成情況的評估確定項目組成員的考核等級，並對每個考核等級賦予相應的係數，如下表所示。

項目組成員考核等級

項目成員考核等級	A	B	C	D	E
個人考核係數	1.0	0.9	0.6	0.4	0

(F)個人應發獎金額的確定

根據項目實發獎金額與個人薪點確定個人實發獎金額，其具體計算如下。

個人實發獎金額＝任務薪點×個人工作量

（五）項目經理的考核

項目經理對項目管理負主要責任，要保證用於項目管理的時間，具體標準如下。

①對於 20 人(包括 20 人)以上的項目，項目經理用於項目管理的時間不得少於正常上班時間的 80%。

②對於 10 人(包括 10 人)以上 20 人以下的項目，項目經理用於項目管理的時間不得少於正常上班時間的 60%。

③對於 10 人以下的項目，項目經理用於項目管理的時間不得少於正常上班時間的 40%。

（六）項目經理的獎勵

項目經理的獎勵採取項目獎金制，按項目獎金實發總額的比例提取。

（七）項目特別獎勵辦法

(A)項目一次性獎勵

對於在公司立項的項目，項目全部結束後，對於提前保質完成的項目，公司將視情況給予項目組一次性獎勵。提前的原因是因為項目組成員的努力而非任務的縮減、人員的增加等其他原因。

1. 提前率的計算

提前率＝提前的天數/總的標準天數×100%

註：總的標準天數是指從立項到提交最終工作產品的時間。

2. 一次性獎金的計算

一次性獎金計算表

條件範圍	獎金計算方法(每人)
提前率＞50%	提前的天數×100元
25%＜提前率≤50%	提前的天數×80元
提前率≤25%	提前的天數×60元

(B)項目創新獎勵

項目成果取得國際認可或填補國內空白並由權威機構鑒定的,可以申請項目創新獎勵,具體標準由研發總監會同公司高層領導依據創新的具體情況決定獎勵金額。

五、研發人員考核細則

第1條 目的

為了充分瞭解產品研發專員工作業績和工作能力,使晉升、晉級、調動、調配、加薪和獎勵工作做到真正、徹底的公平、公開,特制定本細則。

第2條 原則

1. 考核工作是根據考核人日常觀察所得資料和自己確認的事實進行的。

2. 摒棄個人情感,杜絕對上妥協、對下強硬行為的發生。

3. 考核的目的不是製造差距,而是鼓勵優秀者、提攜後進者。

第 3 條　指標設定及考核辦法

1. 主要工作(55 分)

考核指標	目標值	分值	考核辦法
季任務完成率	達到 100%	35 分	每降低＿＿%減＿＿分，低於＿＿%此項得分為 0
新品鑑定透過率	達到＿＿%	10 分	每降低＿＿%減＿＿分，低於＿＿%此項得分為 0
圖紙設計出錯率	低於＿＿%	5 分	每高出＿＿%減＿＿分，超過＿＿%此項得分為 0
技術報告提交及時率	達到 100%	5 分	每降低＿＿%減＿＿分，低於＿＿%此項得分為 0

2. 能力指標(30 分)

(1)創新開拓能力，滿分 15 分。

①工作中，極少或從未有過具有創意的想法和技巧，得 3 分。

②工作中，偶爾提出過具有新意的方法和簡單技巧，得 8 分。

③工作中，時常能夠透過總結、借鑑而形成新觀點，被認定具有很好的指導意義，得 12 分。

④工作中，為產品的研發或改進工作提出過建設性意見或創新性的理念，並且在研發和改造過程中取得成功，得 15 分。

(2)分析思維能力，滿分 15 分。

①工作中，能將問題進行簡單分解，得 3 分。

②工作中，能夠清楚、正確地找出問題的基本關係(包括因果、利弊、重要性等)，得 8 分。

③工作中，針對複雜狀況能夠正確找出多重或連續性的關係，得 12 分。

④工作中，能夠運用多種分析技術或方法，正確剖析複雜問題，並提出多種方案及評估意見，得 15 分。

3. 工作態度(15 分)

⑴獨立性，滿分 10 分。

①能夠在嚴格的監督下完成工作，得 3 分。

②能夠服從分配，並在不定期的監督下較好地完成工作，得 6 分。

③能夠完全理解工作內容，自覺地在無監督情況下很好地完成工作，得 8 分。

④在自我控制下圓滿完成工作的同時，能主動要求追加工作量或幫助其他成員完成工作，得 10 分。

⑵勤勉性，滿分 10 分。

①經常遲到早退，無故缺勤次數較多，一個季累計在三天(含 3 天)以上，得 3 分。

②偶爾遲到早退，無故缺勤次數較少，一個季累計在三天以下，得 6 分。

③從不遲到早退，沒有缺勤現象，經常為完成額外任務而加班加點，得 10 分。

第 4 條　結果運用

1. 考核等級評定

產品研發專員的考核結果等於各項考核得分相加之和，滿分為 100 分。根據考核結果，可將成績分成 6 個等級。如下表所示。

產品研發專員績效考核等級評定表

等級	得分	評價
S（卓越級）	90～100 分	超群，無可挑剔
A（傑出級）	80～89 分	出色，不負眾望
B（優秀級）	70～79 分	滿意，可塑之材
C（良好級）	60～69 分	稱職，可以放心
D（一般級）	50～59 分	注意，應當改進
E（危險級）	49～0 分	奮起，拒絕淘汰

2.考核結果處理

考核結果由人力資源部統計並保管，作為季獎金發放的直接標準。根據考核結果的不同，季獎金額度也不同，S 級不少於____元、A 級不少於____元、B 級不少於____元、C 級不少於____元、D 級不少於____元、E 級不少於____元。

心得欄

第 **6** 章

產品開發人員績效考核方案

一、產品開發經理績效指標

1. 考核指標設計

工作項		研發經理考核指標
新產品開發管理	新產品開發項目實施	①新產品開發週期 ②中試一次通過率 ③產品技術穩定性
研發項目管理	項目立項管理	申請立項通過率
	項目開發與實施	①研發項目階段成果達成率 ②項目開發完成準時率
	研發費用預算	項目研究開發費用預算達成率
研發團隊管理	員工管理	核心員工流失率
其　　他	——	①專利項申報數 ②重大技術失誤次數

2.量化指標設計

序號	量化項目	考核指標	指標說明	權重
1	新 產 品 開發管理	新產品開發週期	——	5%
		中試一次通過率	對中試環節的考核，有助完善技術、提高成品率和品質的穩定性	10%
2	研發項目 管 理	申請立項通過率	$\dfrac{產品立項通過數}{立項總數}\times100\%$	5%
		研發項目階段成果達成率	$\dfrac{各專案實施階段成果達成數}{計劃研發成果達成數}\times100\%$	10%
		項目開發完成準時率	$\dfrac{實際開發週期}{計劃開發週期}\times100\%$	10%
		研究開發費用預算達成率	$\dfrac{實際項目研究開發費用}{計劃研發費用}\times100\%$	5%
3	專利申報 情 況	專利項申報數	獲得專利項數	15%
4	技術管理	重大技術失誤次數	——	10%
5	員工管理	核心員工流失率	檢測本部門核心員工的流失情況	5%

3.定性指標設計

	考核項目	考核內容	權重
6	產品技術穩定性	投放市場後產品設計更改的次數	15%
7	本部門制度制定情況	研發制度規範與完善程度	5%
8	部門協作情況	部門協作滿意度評價	5%

二、產品開發主管績效指標

1. 考核指標設計

工作項	工作職責細分	考核指標
市場信息分析	組織收集行業研發信息	信息收集的及時性與準確性
	跟蹤最新的研發發展態勢	——
新產品開發管理	負責職責範圍內項目的立項、報批	申請立項通過率
	根據公司產品線規劃，執行新產品技術研發和產品更新換代的工作	新產品開發週期產品技術穩定性 基礎模塊共用率
	組織制定和實施重大技術決策和技術方案	——
	(4)負責新產品生產過程中的技術控制、品質管理工作	中試一次通過率
項目研發	監督研發項目進程	研發項目階段成果達成率；項目開發完成準時率
	參與指導研發項目的具體操作，解決疑難問題	——
	組織人員進行重大技術攻關	——

2.量化指標設計

序號	量化項目	考核指標	指標說明	權重
1	新產品開發管理	申請立項通過率	$\frac{產品立項通過數}{立項總數}\times100\%$	5%
		新產品開發週期	——	10%
		中試一次通過率	對中試環節的考核，有助完善技術、提高成品率和品質的穩定性	15%
2	零件標準化程度	基礎模塊（零件）共用率	$\frac{專案共用的基礎模組(零件)數}{專案現有的基礎模組(零件)數}\times100\%$	10%
3	研發進度控制	項目開發完成準時率	$\frac{實際開發週期}{計劃開發週期}\times100\%$	15%
		研發項目階段成果達成率	$\frac{各專案實施階段成果達成數}{計劃達成數}\times100\%$	20%

3.定性指標設計

	考核項目	考核內容	權重
4	市場信息收集	信息收集的及時性與準確性	5%
5	產品技術的穩定性	投放市場後產品設計更改的次數	15%
6	技術支援	技術服務滿意度評價狀況	5%

三、產品開發人員績效指標

1.考核指標設計

工作項	工作職責細分	考核指標
市場信息收集	瞭解市場客戶對產品的需求	信息收集的及時性與準確性
	跟蹤產品的技術發展動態	
新產品開發	負責新產品篩選立項所需信息的收集和調研、分析工作	──
	根據公司制訂的研發計劃進行新產品研發	新產品開發數量；研發項目階段成果達成率
	配合完成產品研發試製工作	新產品試製一次成功率
	負責產品生產技術支援工作	技術服務滿意度；產品技術穩定性
3.技術資料管理	新產品研發資料的管理	技術文檔整理規範性

2.量化指標設計

序號	量化項目	考核指標	指標說明	權重
1	新產品開發	新產品開發數量	──	20%
		新產品試製一次成功率	對新產品試製這一階段工作的考核，有助於驗證新產品的設計能否達到預期的效果	15%
2	項目研發	研發項目階段成果達成率	$\frac{各專案實施階段成果達成數}{計劃達成數} \times 100\%$	15%

3.定性指標設計

	考核項目	考核內容	權重
3	產品技術的穩定性	投放市場後產品設計更改的次數	20%
4	信息收集	信息收集是否及時、準確、有效	5%
5	開發新產品所需資料的完整性	規定的時間內，將各類圖紙、參數資料、鑑定資料及其他相關資料送交相關部門	5%
6	技術支援	技術服務滿意度評價狀況	5%
7	技術資料的提供	技術資料提供的及時性、準確性，可以以是否發生投訴作為考核依據之一	5%
8	技術檔案管理	技術資料的整理是否規範、是否有資料外洩現象的發生等	10%

心得欄 _____

_____

_____

_____

_____

_____

第 7 章

採購供應人員績效考核方案

一、採購供應部門關鍵考核指標設計

1. 採購部關鍵績效考核指標

序號	KPI 關鍵指標	考核週期	指標定義/公式
1	採購計劃完成率	季/年	$\dfrac{\text{考核期內採購總金額}}{\text{同期計劃採購金額}} \times 100\%$
2	採購訂單按時完成率	季/年	$\dfrac{\text{實際按時完成訂單數}}{\text{採購訂單總數}} \times 100\%$
3	採購品質合格率	季/年	$\dfrac{\text{採購物資的合格數量}}{\text{採購物資總量}} \times 100\%$
4	訂貨差錯率	季/年	$\dfrac{\text{數量及品質有有的物資金額}}{\text{採購總金額}} \times 100\%$
5	成本降低目標達成率	季/年	$\dfrac{\text{成本實際降低率}}{\text{成本目標降低率}} \times 100\%$

續表

6	採購資金節約率	季/年	$\left(1-\dfrac{實際採購物資資金}{採購物資預算資金}\right)\times100\%$
7	供應商履約率	季/年	$\dfrac{履約的合約數}{訂立的合約總數}\times100\%$

2.供應部關鍵績效考核指標

序號	KPI關鍵指標	考核週期	指標定義/公式
1	供應商開發計劃完成率	季/年	$\dfrac{實際開發數量}{計劃開發數量}\times100\%$
2	採購計劃完成率	季/年	$\dfrac{採購計劃完成量}{同期採購計劃總量}\times100\%$
3	採購品質合格率	季/年	$\dfrac{品質合格的採購批次}{採購總批次}\times100\%$
4	到貨及時率	季/年	$\dfrac{規定時間內到貨批次}{採購總批次}\times100\%$
5	物資供應及時率	季/年	$\dfrac{物資供應及時的次數}{需要物資供應的總次數}\times100\%$
6	物資發放準確性	季/年	考核期內物資發放出錯的次數
7	物資保管損壞量	季/年	物資保管損壞量折合成金額計
8	運輸安全事故次數	季/年	物資供應運輸過程中發生安全事故的次數
9	採購成本降低目標達成率	季/年	$\dfrac{成本實際降低率}{成本目標降低率}\times100\%$

二、採購供應人員績效考核量表設計

1. 採購部經理績效考核指標量表

序號	KPI 關鍵指標	權重	目標值
1	採購計劃完成率	15%	考核期內採購計劃完成率達到＿＿%以上
2	採購計劃編制及時率	10%	考核期內採購計劃編制及時率達到＿＿%
3	供應商開發計劃完成率	10%	考核期內供應商開發計劃完成率在＿＿%以上
4	採購品質合格率	15%	考核期內採購品質合格率達到100%
5	採購及時率	15%	考核期內採購及時率達到＿＿%以上
6	供應商履約率	5%	考核期內供應商履約率達到＿＿%
7	供應商滿意率	5%	考核期內供應商滿意率在＿＿%以上
8	採購成本降低目標達成率	10%	考核期內採購成本降低目標達成率達到＿＿%
9	採購部門管理費用控制	10%	考核期內控制在預算範圍之內
10	員工管理	5%	部門員工績效考核平均得分在＿＿分以上

2.供應部經理績效考核指標量表

序號	KPI 關鍵指標	權重	目標值
1	採購計劃完成率	20%	考核期內採購計劃完成率達到 100%
2	供應商開發計劃完成率	10%	考核期內供應商開發計劃完成率達到___%
3	供應計劃編制及時率	5%	考核期內供應計劃編制及時率在___%以上
4	供應商交貨及時率	10%	考核期內供應商交貨及時率達到___%
5	物資供應及時率	10%	考核期內物資供應及時率達到 100%
6	採購品質合格率	10%	考核期內採購品質合格率達到 100%
7	物資發放準確性	5%	考核期內物資發放出錯的次數控制在___次以內
8	物資保管損壞量	5%	考核期內物資保管損壞金額控制在___元以內
9	運輸安全事故次數	5%	考核期內運輸安全事故次數控制在___次以內
10	採購成本降低目標達成率	5%	考核期內採購成本降低目標達成率在___%以上
11	部門管理費用控制	10%	考核期內部門費用控制在預算範圍之內
12	員工管理	5%	部門員工績效考核平均得分在___分以上

3.採購主管績效考核指標量表

序號	KPI 關鍵指標	權重	目標值
1	採購計劃完成率	20%	考核期內採購計劃完成率達到＿＿%以上
2	採購及時率	10%	考核期內採購及時率達到＿＿%以上
3	採購品質合格率	10%	考核期內採購品質合格率達到100%
4	供應商開發計劃完成率	10%	考核期內供應商開發計劃完成率在＿＿%以上
5	供應商評估報告按時完成率	10%	考核期內供應商評估報告按時完成率達到＿＿%
6	原料退貨次數	10%	考核期內原料退貨次數在＿＿次以下
7	供應商履約率	10%	考核期內供應商履約率達到＿＿%
8	供應商滿意率	5%	考核期內供應商滿意率在＿＿%以上
9	供應商檔案完備率	5%	考核期內供應商檔案完備率達到＿＿%
10	採購資金節約率	10%	考核期內採購資金節約率達到＿＿%以上

4.供應主管績效考核指標量表

序號	KPI 關鍵指標	權重	目標值
1	採購計劃完成率	20%	考核期內採購計劃完成率達到100%
2	採購品質合格率	10%	考核期內採購品質合格率達到100%
3	物資供應及時率	10%	考核期內物資供應及時率達到＿＿%
4	供應商開發計劃完成率	5%	考核期內供應商開發計劃完成率達到＿＿%以上
5	供應商評估報告按時完成率	5%	考核期內供應商評估報告按時完成率達到＿＿%

續表

6	物資發放準確性	10%	考核期內物資發放出錯的次數控制在___次以內
7	原料退貨次數	10%	考核期內原料退貨次數在___次以下
8	物資保管損壞量	5%	考核期內物資損壞金額控制在___元以內
9	供應商履約率	5%	考核期內供應商履約率達到___%
10	供應商滿意率	5%	考核期內供應商滿意率在___%以上
11	供應商檔案完備率	5%	考核期內供應商檔案完備率達到___%
12	採購資金節約率	10%	考核期內採購資金節約率達到___%以上

5.採購專員績效考核指標量表

序號	KPI 關鍵指標	權重	目標值
1	採購任務完成率	20%	考核期內採購任務完成率達到___%以上
2	採購到貨及時率	10%	考核期內採購到貨及時率達到___%以上
3	採購品質合格率	10%	考核期內採購品質合格率達到___%以上
4	採購訂單按時完成率	10%	考核期內採購訂單按時完成率達到___%以上
5	訂單差錯次數	10%	考核期內訂單差錯次數不超過___次
6	採購退貨次數	10%	考核期內採購退貨次數在___次以下
7	供應商信息提供及時率	10%	考核期內供應商資訊提供及時率達到___%以上
8	供應商滿意率	5%	考核期內供應商滿意率在___%以上
9	供應商檔案完備率	5%	考核期內供應商檔案完備率達到___%
10	採購資金節約率	10%	考核期內採購資金節約率達到___%以上

- 118 -

6.供應專員績效考核指標量表

序號	KPI 關鍵指標	權重	目標值
1	供應任務完成率	20%	考核期內供應任務完成率達到＿＿%以上
2	採購供應商開發數量	10%	符合標準的供應商開發數量達年計劃要求
3	採購到貨及時率	10%	考核期內採購到貨及時率達到＿＿%以上
4	採購品質合格率	10%	考核期內採購品質合格率達到 100%
5	訂單差錯次數	10%	考核期內訂單差錯次數控制在＿＿次以內
6	物資供應及時率	10%	考核期內物資供應及時率達到＿＿%
7	物資發放準確性	10%	考核期內物資發放出錯的次數控制在＿＿次以內
8	供應商檔案完備率	5%	年達到＿＿%以上
9	採購資金節約率	10%	考核期內採購資金節約率達到＿＿%以上
10	物資需求部門滿意度	5%	考核期內物資需求部門滿意度評分在＿＿分以上

三、採購成本控制考核方案

（一）目的

公司為了進行有效的成本管理，實現在採購過程中降低採購成本，從而增加公司自身利潤，增強企業對外競爭力的目的，特制定本制度。

（二）考核原則

(A)適用性原則

採購成本考核要適合企業的特點，考核項目和考核目標要適合採購部門的具體情況。選擇有效的考核項目要與其採購工作職能相適

應。

(B)領導層與員工平等參與的原則

採購成本控制是採購部全體員工的共同任務,在成本考核過程中,要求領導重視並全力支持成本考核工作,平等地參與獎懲。

(C)例外管理原則

為了保證對採購成本考核發揮作用,如果出現不可預見的特殊情況,考核應根據具體情況分析出成本項目中的特殊因素,實行「例外管理」,使採購成本考核更符合實際。

(三) 採購成本考核程序

(A)考核前的準備

1.確定考核內容

在對採購部採購成本控制這一工作進行考核前,先要確定成本控制考核內容(如下表所示)。

2.確定考核指標

進行採購成本控制績效考核前要確定考核指標,應按科學、可行、可比的原則進行考核指標的選取,確定的採購成本控制指標見下表所示。

3.確定考核週期

根據各指標的考核週期不同,對採購成本控制考核週期分為月考核、季考核與年考核。

採購成本控制內容

採購成本內容	成本形式		說　　明
維持成本	固定成本	倉庫折舊	為保持物料而發生的成本
		員工薪資	
	變動成本	物料折舊、損失成本	物料品質破損、報廢喪失的成本
		裝卸成本	存貨數量增加而發生的搬運成本
		倉儲成本	倉儲管理、盤點、維護設備成本
		資金成本	存貨品質維持需要投入的資金
訂購成本	請購手續成本	人工費用、事務用品費用	請購所花費的成本
	採購成本	差旅費用	估價、詢價、比價、議價、採購等所花費的費用
	進貨驗收成本	人工費用、檢驗儀器儀錶費用等	檢驗人員驗收手續所花費的費用
	進庫成本	搬運成本	物料搬運所花費的成本
缺貨成本	失銷成本		由缺貨造成客戶轉購他家，形成失銷情況所損失的成本
	客戶丟失成本		由於缺貨導致客戶永久流失
	存貨成本		保持安全庫存所佔用的成本

4.考核方法

採購成本控制考核方法有以下幾點。

(1)目標管理法

用採購部各指標是否達到原有目標值，來衡量採購部採購成本控制的工作。

(2) 要素評定法

將定性考核和定量考核結合起來對採購成本控制進行考核。

(3) 相對比較法

對某考核指標在本考核週期的數值與上一考核週期或前幾考核週期進行兩兩比較，判斷各考核週期成本控制成效。

採購成本控制考核指標

考核指標	考核週期	考核標準	權重
倉儲成本	月/季/年	月＿＿萬元以下 季＿＿萬元以下 年累計低於＿＿萬元	10%
存貨管理成本	年	不超過公司預算＿＿萬元	10%
平均庫存成本	年	平均庫存成本不超過＿＿萬元	10%
失銷成本	年	年低於＿＿萬元	10%
缺貨成本	月	月＿＿萬元以下	15%
缺貨次數	月/年	月不超過＿＿次 年累計低於＿＿次	12%
進貨檢驗成本	月/年	月不超過＿＿萬元 年累計低於＿＿萬元	13%
裝卸成本	季/年	季＿＿萬元以下 年累計低於＿＿萬元	5%
差旅費用	月/年	月＿＿萬元以下 年累計低於＿＿萬元	10%
客戶流失數量	年	0	5%

(B)考核實施

1. 月考核

每月××日，由採購部經理對當月所發生的採購成本費用報表進行分析，與部門內部員工討論，總結本月採購成本控制情況，並找出控制中的工作不足，制定出有效的解決措施；在月底提前兩天編寫採購部門《月採購成本控制考核報告》上報直屬上級。直屬上級進行批示，給予相關意見。以上工作在下個月 3 日前完成。

2. 季考核

每個季末 3 日內，採購部經理將當前季由各月採購成本控制情況進行匯總，上交直屬上級進行審核，其直屬上級指出採購部應改進方面，並編寫《採購成本控制季報告》上報總經理。

3. 年考核

每年年底××日，採購部經理將本年採購成本控制情況進行統計，以報表的形式上報其直屬上級。總經理、直屬上級、財務部經理對本考核週期的成本控制情況進行評價，採購部經理對本年部門成本控制工作進行自我評價。最終得出年採購成本控制工作評分。

(C)考核後的結果應用

1. 績效回饋

總經理、採購部直屬上級與財務部針對考核週期內的採購成本控制工作評分進行討論，對採購部在採購成本控制過程中存在的問題採用負面以及中性回饋，對正確的成本控制行為進行正面回饋。

2. 績效改進

採購部經理根據上級對採購成本控制中存在的問題進行分析，並對現有採購成本控制中存在的不足制定有效的解決措施，並編寫績效改進計劃，明確計劃的時間、內容，最終得到上級對績效改進計劃的

認同。

3.績效結果運用

根據採購部在月、季、年三個考核階段的綜合評定，在採購部完成公司對採購成本控制計劃的基礎上，以年終獎金發放的形式就採購部在成本控制方面的工作成果給予肯定。獎金發放的額度根據採購成本降低額按以下不同的比例進行發放。

採購成本控制年終獎金發放比例表

標準等級	採購成本降低額度	年終獎金發放比例
1	___萬元以上	5%
2	___萬元以下～___萬元	3%
3	___萬元以下～___萬元	2%
4	___萬元以下～___萬元	1%
5	___萬元以下	0
備　註	在公司年利潤達到___萬元以上情況時進行此獎金發放。	

四、採購人員績效考核實施方案

（一）目的

為貫徹企業績效考核管理制度，全面評價採購人員的工作績效，保證企業經營目標的實現，同時也為員工的薪資調整、教育培訓、晉升等提供準確、客觀的依據，特制定採購人員績效考核實施方案。

（二）遵循原則

(A)明確化、公開化原則

考評標準、考評程序和考評責任都應當有明確的規定，而且在考評中應當遵守這些規定。同時，考評標準、程序和對考評責任者的規定在企業內部應當對全體員工公開。

(B)客觀考評的原則

明確規定的考評標準，針對客觀考評資料進行評價，避免摻入主觀性和感情色彩。做到「用事實說話」，考評一定要建立在客觀事實的基礎上。其次要做到把被考評者與既定標準作比較，而不是在人與人之間進行比較。

(C)差別的原則

考核的等級之間應當有鮮明的差別界限，針對不同的考評評語在薪資、晉升、使用等方面應體現明顯差別，使考評帶有刺激性，激勵員工的上進心。

(D)回饋原則

考評結果（評語）一定要回饋給被考評者本人。在回饋考評結果的同時，應當向被考評者就評語進行說明解釋，肯定成績和進步，說明

不足之處，提供今後努力方向的參考意見等。

（三）適用範圍

適用於本企業採購部人員，以下人員除外。

①考核期開始後進入本企業的員工。

②因私、因病、因傷而連續缺勤 30 日以上者。

③因公傷而連續缺勤 75 日以上者。

④雖然在考核期任職，但考核實施日已經退職者。

（四）績效考核小組成員

人力資源部負責組織績效考核的全面工作，其主要成員包括人力資源部經理、採購部經理、採購部主管、人力資源部績效考核專員、人力資源部一般工作人員。

（五）採購績效考核實施

(A)採購人員績效考核指標

採購人員績效考核以適時、適質、適量、適價、適地的方式進行，並用量化指標作為考核的尺度。主要利用採購時間、採購品質、採購數量、採購價格、採購效率五個方面的指標對採購人員進行績效考核。

量化指標如下表所示。

採購人員績效考核指標

績效考核方面	權重(%)	考核指標/指標說明
品質績效	20%	進料品質合格率
		物料使用的不良率或退貨率
數量績效	30%	呆物料金額
		呆物料損失金額
		庫存金額
		庫存週轉率
價格績效	30%	實際價格與標準成本的差額
		實際價格與過去平均價格的差額
		比較使用時價格和採購時價格的差額
		將當期採購價格與基期採購價格的比率同當期物價指數與基期物價指數的比率進行比較
時間績效	10%	停工斷料，影響工時
		緊急採購(如空運)的費用差額
效率績效	10%	採購金額
		採購收益率
		採購部門費用
		新開發供應商數量
		採購完成率
		錯誤採購次數
		訂單處理時間

(B)績效考核週期

　　採購部經理對於短期內工作產出較清晰的記錄和印象以及對工作的產出及時進行評價和回饋，有利於及時地改進工作，以月為週期

進行考核；對於週邊績效指標，以季或年進行考核。

(C)績效考核方法及說明

採購人員績效考核採用量化指標與日常工作表現考核相結合來進行，量化指標佔考核的 70%，日常工作表現考核佔 30%。兩次考核的總和即為採購人員的績效。採購人員績效考核計算方式如下：

採購人員績效考核分數＝量化指標綜合考核得分×70%

＋日常工作表現×30%

(D)績效考核實施

績效考核小組工作人員根據員工的實際工作情況展開評估，員工本人將自己的考核期間的工作報告在考核期間交於人力資源部，人力資源部匯總並統計結果，在績效回饋階段將考核結果告知被考核者本人。

(E)考核結果應用

考核結果分為五個層次（劃分標準見表），其結果為人力資源部獎金發放、薪資調整、員工培訓、崗位調整、人事變動等提供客觀的依據。

績效考核結果等級劃分標準

傑出	優秀	中等	需提高	差
A	B	C	D	E
85 分以上	85 分以下～75 分	75 分以下～65 分	65 分以下～50 分	50 分以下

根據員工績效考核的結果，可以發現員工與標準要求的差距，從而制訂有針對性的員工發展計劃和培訓計劃，提高培訓的有效性，使員工的素質得到提高，最終為企業管理水準的提高打下堅實的基礎。

(F)績效考核實施工具

對採購人員的績效考核，主要的考核實施工具有採購人員績效考核表、等級標準說明表(如下表所見)。

採購人員績效考核表

項　　目		權重	等級說明					自我評分	綜合得分
			傑出	優秀	中等	需提高	差		
定性指標	責任感	35%							
	主動性	25%							
	紀律性	20%							
	合作度	20%							
定性指標權重為 30%									
定量指標	品質績效	20%							
	數量績效	30%							
	價格績效	30%							
	時間績效	10%							
	效率績效	10%							
定量指標權重為 70%									
綜合得分									
考核補充：									

考核人：　　　　　被考核人：　　　　　考核日期：　　年　　月　　日

等級標準說明表

項目	考核指標	指標等級劃分說明				
		傑出	優秀	中等	有待提高	急需提高
品質績效	進料品質合格率	100%	90%	80%	60%	60%以下
	物料使用不良率	0	5%以下	5%～10%	10%～15%	15%以上
數量績效	呆料物料金額	＿＿萬元以下	＿＿～＿＿萬元	＿＿～＿＿萬元	＿＿～＿＿萬元	＿＿萬元以上
	庫存週轉率	＿%以上	＿%～＿%	＿%～＿%	＿%～＿%	＿%以下
價格績效	採購成本降低率	＿%以上	＿%～＿%	＿%～＿%	＿%～＿%	＿%以下
	採購價格降低額	＿＿萬元以上	＿＿～＿＿萬元	＿＿～＿＿萬元	＿＿～＿＿萬元	＿＿萬元以上
時間績效	是否導致停工	從不	沒有	無記錄	3次以下	3次以上
效率績效	採購完成率	＿%以上	＿%～＿%	＿%～＿%	＿%～＿%	＿%以下
	訂單處理時間	＿＿天以內	＿＿～＿＿天	＿＿～＿＿天	＿＿～＿＿天	＿＿天以上

指標等級得分說明

傑出	優秀	中等	有待提高	急需提高
10分	8分	5分	2分	0分

五、採購人員考核細則

第 1 條　考核目的

為建立公司發展相適應的採購管理機制，提高公司的採購管理水準，本著在公平、公正的競爭環境下激勵採購部門人員的精神，特制定本考核細則。

第 2 條　採購人員職責

採購人員的主要職責是負責自己所管類別物料的具體採購工作，如下表所示。

採購人員工作職責表

工作事項	具體內容
供應商管理	1. 搜集、分析、匯總及考察評估供應商資訊，掌握市場行情 2. 負責供應商開發、選擇與考評工作，建立科學的供應商網路體系
採購品質控制	1. 採購必須嚴格按照公司 ISO9000 品質體系規定的流程進行 2. 積極運用電子採購優化採購流程，節約內外部交易成本，提高採購需求的回應速度。有效降低採購成本 3. 採購物料的成本和品質控制，所採購的物料必須達到公司 ISO9000 品質控制要求
辦理採購事宜	1. 編制單項具體物料的採購計劃並實施 2. 對外業務洽談，與供應商談判，經經理審核後簽採購合約 3. 確認、安排發貨時間與批量，跟蹤到貨日期 4. 辦理貨物入庫相關手續，配合倉庫保質保量地完成採購貨物的入庫工作 5. 及時處理物料退貨與索賠 6. 編制單項採購活動的分析與總結報告，並在每月月末遞交述職報告

第 3 條　考核指標

1. 採購人員的考核指標

採購人員的考核指標內容及計算公式如下表所示。

採購人員考核指標表

指標	計算公式	權重
採購成本降低幅度	(採購基準價格－實際採購價格)×採購量/採購基準價格×採購量	60%
平均採購資金週轉率增加幅度	本期總採購金額/本期平均資金佔用額－上期總採購金額/上期平均資金佔用額	20%
平均庫存佔用資金降低幅度	上期平均庫存佔用資金/上期總採購金額－本期平均庫存佔用資金/本期總採購金額	20%

2. 綜合考核指數

綜合考核指數＝採購成本降低幅度×70%＋平均採購資金週轉提高幅度×15%＋平均庫存佔用資金降幅×15%。

如果採購人員的當月綜合考核指數等於或小於零，則該採購人員當月的績效獎金按該採購人員應分配績效獎金的 40%計算。

3. 調整係數

為確保採購能按時、按質、按量完成，根據缺貨率、採購物料品質合格率的考核來確定：

⑴調整係數基數為 100%；

⑵每發生一次物料(產品)缺貨，調整係數相應扣 10%；

⑶每發生一次採購物料品質不合格的，調整係數相應扣 5%。

第 4 條　採購人員的薪資構成

為提高採購人員的積極性，在採購人員為公司節流、提升企業贏利能力的同時，相應提高其收入，從而實現雙贏。採購人員的薪資構

成為：採購人員薪資＝崗位薪資＋績效獎金×調整係數。

1. 工作崗位薪資的計算

考慮到採購人員資歷、學歷、技能等存在差異，為更好地體現公平性與延續性，現採取崗位薪資與原薪資掛鉤的辦法，按採購人員原薪資的75%計算，作為其崗位薪資。

2. 績效獎金的計算與考核

⑴採購人員的月績效獎金總額共計4000～6000元。

⑵以定量指標方式每月進行考核，全面考核採購人員在其分管領域的工作完成情況。

⑶採取排序的方式，根據綜合考核指數指標排出高低次序，具體獎金分配比例如下所示。

第一名	第二名	第三名	第四名
45%	30%	25%	10%

心得欄 ---------------------------------

第 **8** 章

品質管制人員績效考核方案

一、產品品質部門關鍵考核指標設計

1. 產品管理部關鍵績效考核指標

序號	KPI 關鍵指標	考核週期	指標定義/公式
1	產品品牌知名度	年	接受隨機調查的人群對產品品牌知名度評分的算術平均值
2	新產品開發週期	年	新產品開發週期即為新產品從立項到批量生產所花費的總天數
3	產品項目立項一次性通過率	季/年	$\dfrac{\text{立項申請一次性通過數量}}{\text{同期所提交的立項申請總數}} \times 100\%$
4	產品規劃方案通過率	季/年	$\dfrac{\text{通過審批的產品規劃方案數量}}{\text{同期所提交的產品規劃方案總數}} \times 100\%$
5	新產品產值率	年	$\dfrac{\text{新產品產值}}{\text{同期所有產品產值}} \times 100\%$

續表

6	產品銷售額達成率	月/季/年	$\dfrac{\text{所負責產品實際達成的銷售額}}{\text{所負責產品計劃達成的銷售額}} \times 100\%$
7	新產品利潤貢獻率	年	$\dfrac{\text{新產品利潤總額}}{\text{同期全部利潤總額}} \times 100\%$

2. 品質管制部關鍵績效考核指標

序號	KPI 關鍵指標	考核週期	指標定義/公式
1	品質會簽率	月/季/年	$\dfrac{\text{實際會簽文件數量}}{\text{應會簽文件數量}} \times 100\%$
2	質檢工作及時完成率	月/季/年	$\dfrac{\text{及時完成的質檢次數}}{\text{應完成的檢驗總次數}} \times 100\%$
3	原輔材料現場使用合格率	月/季/年	$\left(1 - \dfrac{\text{發現的不合格原輔材料數量}}{\text{現場使用的原輔材料總數量}}\right) \times 100\%$
4	產品品質合格率	月/季/年	$\dfrac{\text{合格的產品數量}}{\text{產品總數量}} \times 100\%$
5	產品免檢認證通過率	年	$\dfrac{\text{通過免檢認證的產品品種}}{\text{產品免檢認證申請總次數}} \times 100\%$
6	品質體系認證一次性通過率	年	$\dfrac{\text{品質體系認證一次性通過的次數}}{\text{品質體系認證申請總次數}} \times 100\%$
7	批次產品品質投訴率	季/年	$\dfrac{\text{客戶投訴次數}}{\text{產品出貨總批次}} \times 100\%$
8	客戶投訴改善率	季/年	$\dfrac{\text{客戶投訴按時改善的件數}}{\text{客戶投訴總件數}} \times 100\%$
9	產品品質原因退貨率	月/季/年	$\dfrac{\text{品質原因產品退貨數量}}{\text{交付的產品總數量}} \times 100\%$

- 135 -

二、產品品質人員績效考核量表設計

1.產品經理績效考核指標量表

序號	KPI 關鍵指標	權重	目標值
1	產品品牌知名度	10%	接受隨機調查的人群對產品品牌知名度評分的算術平均值應達到＿＿分以上
2	新產品開發週期	10%	考核期內確保開發週期不超過計劃的天數
3	產品項目立項一次性通過率	10%	考核期內確保達到＿＿%以上
4	產品規劃方案通過率	15%	考核期內確保達到＿＿%以上
5	市場調研計劃完成率	10%	考核期內確保市場調研工作 100%按計劃完成
6	產品銷售額達成率	10%	考核期內確保有低於＿＿%
7	新產品產值率	10%	考核期內確保達到＿＿%以上
8	部門管理費用控制	5%	考核期內部門管理費用控制在預算範圍之內
9	新產品利潤貢獻率	10%	考核期內確保不低於＿＿%
10	核心員工流失率	10%	考核期內確保不超過＿＿%

2.品質經理績效考核指標量表

序號	KPI 關鍵指標	權重	目標值
1	品質會簽率	10%	考核期內達到＿＿%以上
2	原輔材料現場使用合格率	10%	考核期內確保投入生產過程的原輔材料、外協產品 100%合格
3	質檢工作及時完成率	15%	考核期內確保質檢工作 100%按時完成
4	品質認證一次性通過	10%	考核期內確保達到＿＿%以上

續表

5	產品免檢認證通過率	5%	考核期內確保達到＿＿%以上
6	品質整改項目按時完成率	5%	考核期內確保品質整改項目100%按時完成
7	品質培訓計劃達成率	5%	考核期內確保品質培訓工作100%按時完成
8	部門管理費用控制	5%	考核期內部門管理費用控制在預算範圍內
9	產品品質合格率	15%	考核期內確保達到＿＿%以上
10	產品品質原因退貨率	5%	考核期內確保低於＿＿%
11	批次產品品質投訴率	5%	考核期內不得超過＿＿%
12	客戶投訴改善率	10%	考核期內不得低於＿＿%

3.質控主管績效考核指標量表

序號	KPI關鍵指標	權重	目標值
1	品質控制計劃按時完成率	20%	考核期內確保品質控制工作100%按時完成
2	品質控制方案編制及時率	10%	考核期內品質控制方案編制及時率達到100%
3	品質標準制定及時率	10%	考核期內品質標準制定及時率達到100%
4	品質整改項目按時完成率	10%	考核期內確保品質整改項目100%按時完成
5	品質控制報表的準確率	5%	考核期內確保達到＿＿%以上
6	品質成本佔銷售額比率	5%	考核期內不得超過＿＿%
7	產品品質合格率	15%	考核期內確保達到＿＿%以上
8	品質事故發生次數	5%	考核期內品質事故發生控制在＿＿次以內
9	品質事故及時處理率	10%	考核期內確保品質事故100%及時處理
10	有效品質投訴發生次數	10%	考核期內控制在＿＿次以內

4.質檢專員績效考核指標量表

序號	KPI 關鍵指標	權重	目標值
1	質檢工作按時完成率	20%	考核期內確保質檢工作 100%按時完成
2	原輔材料現場使用合格率	15%	考核期內確保投入生產過程的原輔材料、外協產品 100%合格
3	品質檢驗報告提交及時率	15%	考核期內確保 100%按時提交
4	在用質檢儀器受檢率	10%	考核期內確保達到___%以上
5	品質檢驗表格完整率	10%	考核期內品質檢驗表格完整達到___%
6	質檢工作效率提高率	15%	考核期內確保達到___%以上
7	產品品質原因退貨率	10%	考核期內確保低於___%
8	未及時檢驗被投訴次數	5%	考核期內確不超過___次

5.製程檢驗員績效考核指標量表

序號	KPI 關鍵指標	權重	目標值
1	製程檢驗表格完整率	10%	考核期內確保檢驗表格完整率達到___%
2	品質檢驗表格完整率	10%	考核期內品質檢驗表格完整達到___%
3	製程檢驗及時完成率	25%	考核期內確保製程檢驗工作 100%按生產進度及工序的流轉及時完成
4	製程品質錯檢率	10%	考核期內確保不超過___%
5	百元製造成本品質成本	10%	考核期內確保不超過___元
6	品質檢驗報表提交及時率	15%	考核期內確保 100%按時提交
7	質檢工作效率提高率	15%	考核期內確保達到___%以上
8	製程品質問題及時解決率	5%	考核期內確保製程品質問題 100%按時提交

三、產品經理績效考核方案

（一）考核目的

基於以下三個目的，定期對產品經理實施績效考核。

1. 產品經理的業績情況、工作能力、工作態度的評定。
2. 產品經理動態薪資的發放。
3. 產品經理的晉升或降職、提薪或降薪。

（二）考核主管人員與考核對象

1. 考核主管人員為人力資源總監、產品管理部主管副總。
2. 考核對象為產品經理。

（三）考核週期及具體時間

1. 上半年績效考核，具體時間為 7 月 1 日至 7 月 15 日。
2. 下半年績效考核，具體時間為第二年的 1 月 1 日至 1 月 15 日。

（四）考核指標設置

根據產品經理的工作職責，核查其年初與公司簽訂的責任書的達成情況，設置相應的考核指標。具體考核指標如下表所示。

產品經理績效考核量表

考核對象：產品經理　　　考核週期：＿＿年＿月＿日～＿＿年＿月＿日

考核項目	定量指標	權重	指標值	考核得分	加權得分
工作業績	新產品利潤貢獻率(A)	20%			
	產品品牌知名度(B)	15%			
	新產品開發週期(C)	10%			

考核項目	定性指標	權重	自評得分	考評得分	加權得分
產品價格政策的制定及調整	價格政策的合理性和明確性	10%			
	價格政策調整的及時性	6%			
公司不同產品線的產品規劃	產品市場的調查與研究	8%			
	新產品開發需求的準確性	10%			
	產品結構的合理性	8%			
	產品計劃的明確性	8%			
部門管理	部門內部人員管理情況	5%			
	綜合得分				

重要記錄	期初備註	期末說明	人力資源部審核
	被考核人： 簽名：　　日期：	被考核人： 簽名：　　日期：	
	考核人： 簽名：　　日期：	考核人： 簽名：　　日期：	簽名： 日期：

產品經理績效考核定性指標等級定義表

指標	等級	評分標準
產品市場的調查與研究	10分	及時充分收集並研究行業、用戶、競爭對手、通路、產品等方面的市場訊息，分析報告內容充實、合理、針對性強，對產品規劃決策具有強有力的支援
	9分	及時收集並研究行業、用戶、競爭對手、通路、產品等方面的市場訊息，分析報告的內容具有針對性，分析結果能夠對公司產品規劃決策提供支援
	8分	及時收集並研究行業、用戶、競爭對手、通路、產品等方面的市場訊息，能夠對客戶和市場需求提出分析，分析結果能夠對公司產品規劃決策提供支援
	7分	及時收集並研究行業、用戶、競爭對手、通路、產品等方面的市場訊息，能夠對客戶和市場需求提出分析，分析結果可對公司產品規劃決策提供一般性的支援
	6分	能夠收集並研究行業、用戶、競爭對手、通路、產品等方面的市場訊息，分析報告內容缺乏針對性，分析結果不能夠對公司產品規劃決策提供應有的支援
	1～5分	能夠收集並研究行業、用戶、競爭對手、通路、產品等方面的市場訊息，但分析報告內容空泛，分析結果不能夠對公司產品規劃決策提供支援
新產品開發需求準確性	10分	根據調研結果，向研發部提供的新產品研發需求內容明確清晰，過程改動很少，對現有產品和新產品的設計缺陷能夠提出改進意見（事後證實合理）
	9分	根據調研結果，向研發部提供的新產品研發需求內容明確清晰，過程改動少，對現有產品和新產品的設計缺陷能夠提出改進意見（事後證實部份合理）

續表

新產品開發需求準確性	8分	根據調研結果,向研發部提供的新產品研發需求內容明確清晰,過程改動較少
	7分	根據調研結果,向研發部提供的新產品研發需求內容明確清晰,但過程改動較多
	6分	根據調研結果,向研發部提供的新產品研發需求內容明確,過程改動較多
	1~5分	根據調研結果,向研發部提供的新產品研發需求內容模糊,過程改動頻繁
產品計劃的明確性	10分	能準確及時地平衡市場需求、庫存、產品策略的關係,產品的月滾動計劃和年規劃合理有效,明顯減少相關費用,對公司獲得利潤方面貢獻顯著(相對往年同期)
	9分	能及時平衡市場需求、庫存、產品策略的關係,產品的月滾動計劃和年規劃合理,能夠減少相關費用(相對往年同期)
	8分	能及時平衡市場需求、庫存、產品策略的關係,產品的月滾動計劃和年規劃合理
	7分	能及時平衡市場需求、庫存、產品策略的關係,產品的月滾動計劃和年規劃欠佳
	6分	能平衡市場需求、庫存、產品策略的關係,產品的月滾動計劃和年規劃欠佳
	1~5分	不能平衡市場需求、庫存、產品策略的關係,產品的月滾動計劃和年規劃很差
產品結構的合理性	10分	不同產品線的發展戰略、具體策略和實施步驟能及時有效地兼顧市場變化和公司戰略,反應也較快
	9分	不同產品線的發展戰略、具體策略和實施步驟能及時兼顧市場變化和公司戰略

續表

產品結構的合理性	8分	不同產品線的發展戰略、具體策略和實施步驟基本能兼顧市場變化和公司戰略，但反應滯後
	7分	不同產品線的發展戰略、具體策略和實施步驟基本兼顧市場變化和公司戰略
	6分	不同產品線的發展戰略、具體策略和實施步驟不能有效兼顧市場變化和公司戰略
	1～5分	不同產品線的發展戰略、具體策略和實施步驟有重大缺陷
價格政策調整的及時性	10分	根據產品市場和競爭對手的變化，平衡公司實際狀況，及時、適時調整產品價格策略（定價、調整、大單協作定價等），確保銷售目標的實現和市場競爭地位的確立
	9分	根據產品市場和競爭對手的變化，平衡公司實際狀況，及時、適時調整產品價格策略（定價、調整、大單協作定價等），目的性明確
	8分	根據產品市場和競爭對手的變化，平衡公司實際狀況，及時調整產品價格策略（定價、調整、大單協作定價等），但目的性不明確
	7分	根據產品市場和競爭對手的變化，基本會平衡公司實際狀況，有時能及時調整產品價格策略（定價、調整、大單協作定價等），但目的性不明確
	6分	根據產品市場和競爭對手的變化，有時能調整產品價格策略（定價、調整、大單協作定價等），但無目的性
	1～5分	不能及時調整產品價格策略（定價、調整、大單協作定價等）

續表

價格 政策 合理 性和 明確 性	10分	財務與市場數據準確，計算合理，針對性很強，符合公司戰略，易於執行
	9分	財務與市場數據準確，計算合理，明確針對競爭對手的價格政策，易於執行
	8分	財務與市場數據準確，計算合理，針對性強，易於執行
	7分	財務與市場數據準確，計算合理，易於執行
	6分	財務與市場數據準確，計算結果合理性欠佳，執行有難度
	1～5分	財務與市場數據不準確，計算結果脫離實際，不可執行
部門 內部 人員 管理 情況	10分	能夠極大地促進下屬全面發展，內部培訓方式靈活，員工對績效考核狀況很滿意
	9分	能對下屬工作提供全面的指導，內部培訓方式靈活，員工對績效考核狀況基本滿意
	8分	能對下屬工作提供較全面指導，定期內部培訓，績效考核狀況能夠較準確反映實際
	7分	能對下屬工作提供較多指導，定期內部培訓，績效考核狀況能夠較準確反映實際
	6分	對本部門的人力資源管理認識不夠清楚，績效考核狀況不夠理想
	1～5分	對本部門的人力資源管理不重視，對開展績效考核缺乏應有認識

（五）考核的實施

①由公司人力資源總監牽頭，人力資源部、財務部、市場部、銷售部參加，對產品經理進行目標管理考核，落實上半年或全年目標執行情況，運用「產品經理績效考核量表」進行評分，並進行匯總。

②將匯總的評分結果呈交總裁辦公會和董事會審定，確認其結果。

③被確認的考核結果即為產品經理的考核結果，公佈於眾。

四、品質控制績效考核方案

（一）考核實施目的

通過對品質管制部的員工績效進行管理和評估，提高其工作能力和工作績效，從而提高品質管制部整體工作效能，在最大程度上降低品質成本，最終實現組織的利潤目標和戰略目標。

（二）考核對象

品質控制績效考核方案的考核對象為品質管制部的全體成員，包括品質經理、質控主管、質檢專員、製程檢驗員。

（三）考核週期

除主管及以上人員按相應的規定進行考核外，本部門其他人員考核分為月考核、季考核與年終考核三種。

（四）考核指標設置

(A)品質經理考核指標設置

考核項目及權重	指標名稱	權重
內部運營類	品質體系的完善性	10%
	產品免檢獲通過率	10%
	出廠產品合格率	15%
	產品品質問題重覆出現的次數	5%
	提出品質改進方案或建議被採納的次數	5%
	品質檔案管理完整性	10%
財　務　類	部門費用預算達成率	25%
學習發展類	員工考核工作完成情況	5%
	品質培訓計劃完成率	5%
客　戶　類	企業內部部門合作滿意度	5%
	企業外部組織滿意度	5%

(B)質控主管考核指標設置

考核指標	目標值	權重	考核資料來源
品質控制計劃按時完成率	考核期內確保品質控制工作100%按時完成	20%	品質管制部
品質控制方案編制及時率	考核期內品質控制方案編制及時率達到100%	15%	品質管制部
品質標準制定及時率	考核期內品質標準制定及時率達到100%	10%	品質管制部
品質控制報表的準確率	考核期內確保達到＿＿％以上	10%	品質管制部
產品品質合格率	考核期內確保達到＿＿％以上	20%	售後服務部
品質事故發生次數	考核期內品質事故發生次數控制在＿＿次以內	5%	品質管制部
品質事故及時處理率	考核期內確保品質事故100%及時處理	10%	品質管制部
相關部門合作滿意度	考核期內，生產管理部、生產工廠及班組、倉儲部等相關部門合作滿意度評分均值達分以上	10%	品質管制部

(C)質檢專員考核指標設置

考核指標	目標值	權重	考核資料來源
進貨鑒定準確率	鑒定準確率在＿＿%以上	15%	品質管制部
來料檢驗出錯率	檢驗出錯率為0	20%	品質管制部
出廠產品合格率	出廠產品的合格率達100%	25%	售後服務部
在用質檢儀器送檢情況	考核期內在用的品質檢驗、檢測儀器均按時送相關部門校準	15%	品質管制部
質檢工作效率提高率	考核期內質檢工作效率提高率達＿＿%以上	15%	品質管制部
品質資料、檔案管理	相關品質資料歸檔及時，資料完整、無丟失	10%	品質管制部

(D)製程檢驗員考核指標設置

考核指標	目標值	權重	考核資料來源
製程檢驗工作及時完成率	檢驗工作按生產進度及工序流程100%完成	30%	品質管制部
質檢工作效率提高率	考核期內質檢工作效率提高率達＿＿%以上	25%	品質管制部
百元製造成本品質成本	考核期內百元製造成本品質成本不超過＿＿萬元	15%	財　務　部
製程錯檢率	考核期內製程錯檢率為＿＿%	5%	品質管制部
製程品質問題及時解決率	考核期內製程品質問題＿＿%得到及時解決	15%	生產管理部
設備管理	設備正常運轉率在＿＿%以上	10%	生產管理部

（五）其他應計入考核成績的事項

(A)獎勵

有下列事蹟之一者，根據其事由、動機、影響程度給予嘉獎、晉升及其他獎勵，並記入考績成績。

①對本企業業務上或技術上有特殊貢獻，並經採用而獲顯著績效者。

②遇有特殊危急事故，冒險搶救，保全本企業重大利益或他人生命者。

③能防患於未然，為本企業挽回重大損失者。

④為本企業贏得良好聲譽者。

(B)處罰

有下列行為之一者，視其情節輕重程度，給予口頭警告、記過、降級等處罰，並記入考核成績。

①行為不檢、屢教不改或破壞紀律情節重大者。

②覺察到對本企業的重大危害，因徇私不顧或隱匿不報，因而貽誤時機致本企業遭受損害者。

③對可預見的災害疏於覺察或，臨時急救措施失當，導致本企業遭受不必要的損害者。

(C)非優秀情形

有下列情形之一者，考核成績不能列為優秀。

①遲到、早退時間累計達到＿＿分鐘及以上者。

②請假超過規定日數者。

③曠工達到＿＿天及以上者。

④曾受過一次懲罰或懲處者。

（六）績效考核結果運用

考核的結果分為五個等級，根據員工最終的考核成績，其崗位異動和薪資調整的情況也不同，具體內容如下表所示。

考核結果分級表

等級		標準	比例	考核結果應用
S	優秀	90≤考核分數＜100	5%	薪資等級提高或者進行職位晉升
A	良好	80≤考核分數＜90	15%	薪資等級提高或者進行職位晉升
B	一般	70≤考核分數＜80	45%	薪資標準給予適當的提高
C	合格	60≤考核分數＜70	30%	基本保持不變
D	不合格	60分以下	5%	薪資等級降級或予以辭退

心得欄 ------------------------------

第 9 章

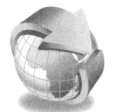

設備管理人員績效考核方案

一、設備管理部門關鍵績效考核指標設計

1. 設備動力部關鍵績效考核指標

序號	KPI 關鍵指標	考核週期	指標定義/公式
1	動力設備系統故障停機率	季/年	$\dfrac{動力設備系統故障停機台時}{實際開動台時+停機台時} \times 100\%$
2	動力設備檢修作業計劃完成率	季/年	$\dfrac{動力設備檢修作業完成量}{檢修作業計劃量} \times 100\%$
3	設備保養計劃按時完成率	季/年	$\dfrac{規定時間內完成保養數}{設備保養計劃完成數} \times 100\%$
4	動力系統維護及時率	季/年	$\dfrac{動力系統維護及時的次數}{動力系統應維護的總次數} \times 100\%$
5	萬元產值維修費用率	季/年	$\dfrac{維修費用總額}{總產值(以萬元計)} \times 100\%$

續表

6	主設備完好率	季/年	$\dfrac{主設備完好台數}{主設備總台數} \times 100\%$
7	設備購置計劃編制及時率	季/年	$\dfrac{設備購置計劃編制及時的次數}{設備購置計劃編制的總次數} \times 100\%$
8	設備檔案歸檔率	季/年	$\dfrac{設備檔案歸檔數}{設備檔案總數} \times 100\%$

2.設備能源部關鍵績效考核指標

序號	KPI 關鍵指標	考核週期	指標定義/公式
1	能源供應計劃按時完成率	季/年	$\dfrac{能源供應按時完成量}{能源供應計劃完成量} \times 100\%$
2	能源消耗定額標準編制準確率	季/年	$\dfrac{標準編制準確的次數}{標準編制的總次數} \times 100\%$
3	設備購置計劃編制及時率	季/年	$\dfrac{設備購置計劃編制及時的次數}{設備購置計劃編制的總次數} \times 100\%$
4	設備故障停機率	季/年	$\dfrac{設備故障停機台時}{實際開動台時+停機台時} \times 100\%$
5	設備保養計劃按時完成率	季/年	$\dfrac{規定時間內完成保養數}{設備保養計劃完成數} \times 100\%$
6	設備檢修作業計劃完成率	季/年	$\dfrac{設備檢修作業完成量}{檢修作業計劃量} \times 100\%$
7	萬元產值維修費用率	季/年	$\dfrac{維修費用總額}{總產值(以萬元計)} \times 100\%$
8	設備檔案歸檔率	季/年	$\dfrac{設備檔案歸檔數}{設備檔案總數} \times 100\%$

3.設備維修部關鍵績效考核指標

序號	KPI 關鍵指標	考核週期	指標定義/公式
1	設備維修計劃完成率	季/年	$\dfrac{維修完成設備台數}{計劃維修設備台數} \times 100\%$
2	設備故障停機率	季/年	$\dfrac{設備故障停機台時}{實際開動台時+停機台時} \times 100\%$
3	設備大修返修率	季/年	$\dfrac{考核期實際發生返修工時}{同期發生全部大修工時} \times 100\%$
4	設備故障修復率	季/年	$\dfrac{設備故障修復台數}{設備故障總台數} \times 100\%$
5	設備保養計劃按時完成率	季/年	$\dfrac{規定時間內完成保養數}{設備保養計劃完成數} \times 100\%$
6	設備檢修作業計劃完成率	季/年	$\dfrac{設備檢修作業完成量}{檢修作業計劃量} \times 100\%$
7	萬元產值維修費用率	季/年	$\dfrac{維修費用總額}{總產值(以萬元計)} \times 100\%$
8	設備購置計劃編制及時率	季/年	$\dfrac{設備購置計劃編制及時的次數}{設備購置計劃編制的總次數} \times 100\%$
9	設備檔案歸檔率	季/年	$\dfrac{設備檔案歸檔數}{設備檔案總數} \times 100\%$

4.設備採購部關鍵績效考核指標

序號	KPI 關鍵指標	考核週期	指標定義/公式
1	採購招標計劃完成率	季/年	$\dfrac{規定時間內完成設備採購招標數}{設備採購計劃招標數} \times 100\%$
2	設備採購及時率	季/年	$\dfrac{規定時限內完成的設備採購數}{總設備採購數} \times 100\%$
3	採購計劃完成率	季/年	$\dfrac{採購計劃完成量}{採購計劃任務量} \times 100\%$
4	採購資金節約率	季/年	$\dfrac{採購資金節約金額}{採購預算金額} \times 100\%$
5	設備品質檢驗合格率	季/年	$\dfrac{設備檢驗合格數量}{設備檢驗總數量} \times 100\%$
6	大宗設備成本節約率	季/年	$\dfrac{採購大宗設備節約資金金額}{大宗設備採購總額} \times 100\%$
7	供應商評價合格率	季/年	$\dfrac{供應商評價合格數}{設備檢驗總數量} \times 100\%$
8	供應商履約率	季/年	$\dfrac{履約的合約數}{訂立的合約總數} \times 100\%$
9	設備檔案歸檔率	季/年	$\dfrac{供應商檔案歸檔數}{供應商檔案總數} \times 100\%$

二、設備管理人員績效考核量表設計

1.設備動力部經理績效考核方案

序號	KPI 關鍵指標	權重	目標值
1	部門工作計劃完成率	20%	考核期內部門工作計劃完成率達到100%
2	動力設備系統故障停機率	10%	考核期內故障停機率在＿＿%以下
3	萬元產值維修費用率	10%	考核期內萬元產值維修費用率在＿＿%以下
4	動力設備檢修作業計劃完成率	10%	考核期內達到＿＿%以上
5	設備保養計劃按時完成率	5%	考核期內設備保養計劃按時完成率達到＿＿%
6	動力系統維護及時率	10%	考核期內動力系統維護及時率達到＿＿%
7	設備完好率	10%	考核期內設備完好率在＿＿%以上
8	設備購置計劃編制及時率	5%	考核期內設備購置計劃編制及時率達到100%
9	部門管理費用控制	10%	考核期內管理費用控制在預算範圍內
10	員工管理	10%	考核期內部門員工績效考核得分平均在＿＿分以上

2.設備能源部經理績效考核方案

序號	KPI 關鍵指標	權重	目標值
1	能源供應計劃按時完成率	10%	考核期內按時完成率達到___%
2	能源消耗定額標準編制準確率	5%	考核期內編制準確率達到___%
3	部門工作計劃完成率	20%	考核期內部門工作計劃完成率達到 100%
4	設備故障停機率	10%	考核期內設備故障停機率在___%以下
5	萬元產值維修費用率	10%	考核期內控制在___%以內
6	設備保養計劃按時完成率	10%	考核期內按時完成率達到___%
7	設備檢修作業計劃完成率	10%	考核期內檢修計劃完成率達到___%
8	設備購置計劃編制及時率	5%	考核期內設備購置計劃編制及時率達到 100%
9	部門管理費用控制	10%	考核期內管理費用控制在預算範圍內
10	員工管理	10%	考核期內部門員工績效考核得分平均在___分以上

3.設備維修部經理績效考核指標量表

序號	KPI 關鍵指標	權重	目標值
1	部門工作計劃完成率	20%	考核期內部門工作計劃完成率達到 100%
2	單位產量維修費用	10%	考核期內單位產量維修費用控制在___元以下
3	設備故障停機率	5%	考核期內設備故障停機率控制在___%以下
4	設備故障修復率	10%	考核期內設備故障修復率在___%以上
5	設備檢修計劃完成率	10%	考核期內設備檢修計劃完成率在___%以上
6	設備保養計劃按時完成率	10%	考核期內設備保養計劃按時完成率達到___%

續表

7	外委維修費用控制	5%	年外委維修費用控制在＿＿萬元以內
8	設備購置計劃編制及時率	10%	考核期內設備購置計劃編制及時率達到100%
9	部門管理費用控制	10%	考核期內管理費用控制在預算範圍之內
10	員工管理	10%	考核期內部門員工績效考核得分平均在＿＿分以上

4.設備採購部經理績效考核指標量表

序號	KPI關鍵指標	權重	目標值
1	採購招標計劃完成率	10%	考核期內採購招標計劃完成率達到＿＿%
2	採購計劃完成率	10%	考核期內採購計劃完成率達到100%
3	設備採購及時率	15%	考核期內設備採購及時率達到＿＿%
4	採購資金節約率	15%	考核期內採購資金節約率達到＿＿%
5	設備品質檢驗合格率	15%	考核期內設備採購品質檢驗合格率達到100%
6	大宗設備成本節約率	10%	考核期內大宗設備採購成本節約率達到＿＿%
7	供應商評價合格率	10%	考核期內供應商評價合格率達到100%
8	供應商履約率	5%	考核期內供應商履約率達到100%
9	部門管理費用控制	5%	考核期內部門管理費用控制在預算範圍之內
10	員工管理	5%	考核期內部門員工績效考核得分平均在＿＿分以上

5.設備維修主管績效考核指標量表

序號	KPI 關鍵指標	權重	目標值
1	設備維修計劃完成率	20%	考核期內設備維修計劃完成率在___%以上
2	設備維修及時率	20%	考核期內設備維修及時率在___%以上
3	設備週期檢定率	10%	考核期內設備週期檢定率達到___%
4	設備故障停機率	5%	考核期內設備故障停機率控制在___%以下
5	設備大修返修率	5%	考核期內設備大修返修率控制在___%以下
6	設備故障修復率	10%	考核期內設備故障修復率在___以上
7	設備保養計劃按時完成率	10%	考核期內設備保養計劃按時完成率達到___%
8	維修培訓計劃完成率	10%	考核期內設備維修培訓計劃完成率達到100%
9	維修品質問題發生率	5%	考核期內控制在___%以下
10	設備檔案歸檔率	5%	考核期內設備檔案歸檔率達到___%

6.設備採購主管績效考核指標量表

序號	KPI 關鍵指標	權重	目標值
1	採購計劃完成率	20%	考核期內採購計劃完成率達到100%
2	設備採購及時率	10%	考核期內設備採購及時率達到＿＿%
3	採購招標項目完成率	10%	考核期內採購招標計劃完成率達到＿＿%
4	採購調研報告提交及時率	10%	考核期內採購調研報告提交及時率達到100%
5	設備品質檢驗合格率	10%	考核期內設備採購品質檢驗合格率達到100%
6	採購資金節約率	10%	考核期內採購資金節約率達到＿＿%
7	大宗設備成本節約率	10%	考核期內大宗設備成本節約率達到＿＿%
9	供應商履約率	10%	考核期內供應商履約率達到100%
8	供應商評價率	5%	考核期內供應商評價率達到＿＿%
10	供應商檔案歸檔率	5%	考核期內供應商檔案歸檔率達到100%

7.設備維修專員績效考核指標量表

序號	KPI 關鍵指標	權重	目標值
1	設備週期檢定率	15%	考核期內設備週期檢定率達到＿＿%
2	設備維修任務完成率	20%	考核期內設備維修任務完成率達到100%
3	設備故障維修及時率	10%	考核期內設備故障維修及時率在＿＿%以上
4	設備故障停機率	10%	考核期內設備故障停機率不超過＿＿%
5	設備故障修復率	10%	考核期內設備故障修復率在＿＿%以上
6	大修理設備返修率	5%	考核期內大修理設備返修率不超過＿＿%
7	設備保養任務完成率	20%	考核期內設備保養任務完成率達到100%
8	維修品質問題發生率	5%	考核期內維修品質問題發生率控制在＿＿%以下
9	設備維修記錄完好率	5%	考核期內記錄完好率達到＿＿%以上

8.設備採購專員績效考核指標量表

序號	KPI 關鍵指標	權重	目標值
1	採購調查任務按時完成率	10%	採購調查任務按時完成率達到___%
2	設備採購任務完成率	20%	考核期內設備採購任務完成率達到___%
3	設備品質檢驗合格率	15%	年達到___%以上
4	採購資金節約率	10%	考核期內採購資金節約率達到___%
5	大宗設備成本節約率	15%	考核期內大宗設備成本節約率達到___%
6	採購及時率	10%	設備採購及時率達到___%以上
7	供應商信息提供及時率	10%	供應商資訊提供及時率達到___%以上
8	供應商評價率	5%	考核期內供應商評價率達到100%
9	供應商檔案完好率	5%	月達到___%以上

三、設備維護績效考核方案

（一）目的

為保證設備正常地生產運作，提高設備的完好程度，使設備長期保持良好的工作性能，延長使用壽命，特制定本制度。

（二）考核原則

①公平與開放原則。

②回饋與提升原則。

③定期化與制度化原則。

④結果與過程並重原則。

（三）適用範圍

針對設備部負責設備維修、設備保養人員進行績效考核。

（四）考核體系建立

(A)組建考核評估小組

設備部直接上級主管成立考核小組對設備部設備維護工作進行評估，小組成員主要包設備部直接上級主管、財務部負責設備成本管理的工作人員、生產部主管、人力資源部相關人員、備部經理以及相關部份人員。

(B)確定考核指標與考核方法

在考核進行前首先要確定考核指標，確定考核指標要依照以下原則。

①目的性原則。

②系統性原則。

③少而精原則。

④可操作性原則。

設備維護與考核指標及方法如下表所示。

(C)考核週期

考核週期分為月部門內部考核、年領導考核與不定期考核三種。

設備維護與考核指標及方法一覽表

考核內容	權重(%)		考核指標	考核週期	考核方法
維護成本	40%	20%	單位產量維修費用	年　度	對比法、量表評定法
		30%	故障停機損失金額	月/年	對比法、目標管理法
		20%	設備維護管理費用	年　度	對比法
維護效果	30%	15%	設備淨新度	年　度	量表評定法
		10%	設備事故率	月/年	量表評定法
		20%	故障頻率	月/年	量表評定法
		20%	大修理設備返修率	年　度	量表評定法
		30%	平均故障間隔時間	月/年	量表評定法
		20%	外委維修費用	月/年	目標考核法、對比法
		15%	備件費用	年　度	對比法、量表評定法
維護效率	30%	20%	平均維修時間	月/年	對比法
		30%	設備保養率	月/年	目標考核法
		30%	設備維護及時率	不定期	現場檢查、目標考核法
		20%	設備檢查週期	不定期	現場檢查、目標考核法

（五）績效考核實施

(A)績效考核說明

設備部經理在執行考核前，要將設備考核相關制度與考核指標向部門人員進行說明、講解並將設備維修與維護進行責任分工，做到將考核落實到每個部門人員。

(B)績效考核實施

1. 月部門內部考核

每月××日，設備部經理組織部門員工對本月設備維護、保養工作與部門內部員工討論，總結本月工作中的不足；在月底前兩天編寫設備部《月設備維護部門考核報告》上報直屬上級。

2. 不定期考核

不定期考核是生產部主管或設備部直接上級主管對設備維修與維護是否及時進行不定期的現場臨時檢查，並根據其維護及時情況給予評分，評分標準如下表所示。

不定期設備維護考核評分表

考核內容	評分標準				
	迅速(5分)	及時(4分)	中等(3分)	緩慢(1分)	遲來(-1分)
維護檢查週期					
維護及時率					
考核得分					
備註：					
考核人：　　　　　被考核人：　　　　　考核日期：　　年　　月　　日					

3.年上級領導考核

每年年底××日,設備部經理將本年設備維護情況進行總結,以報表的形式上報其直屬上級。

總經理、直屬上級、財務部、生產部主管對本考核週期的成本控制情況做評估,設備部經理對本年設備維護工作做自我評價。加以不定期考核評分,最終得出年設備維護工作評分。

（六） 績效考核結果的運用

(A)部門年終獎金發放

根據設備部設備維護工作所得分數決定設備部年終獎金發放額度、績效得分與部門獎金發放標準如下表所示。

設備部年終獎金發放標準

績效考核得分	90分以上	80～89分	70～79分	60～69分	60分以下
獎金發放額度	___元	___元	___元	___元	___元
備註：在無故障停機損失的情況下					

(B)績效懲罰

如果設備部由於自身原因出現設備故障問題,導致設備停機造成公司生產損失,根據造成的損鄉金額對設備相關人員以獎金扣除的形式進行懲罰。懲罰標準如下表所示。

績效懲罰標準

懲罰等級	D	C	B	A
設備停機損失金額	萬元	萬元	萬元	萬元
扣　　款	當月獎金	3個月獎金	半年獎金	全年獎金
備註：如超過A級的情況,根據具體情況徵求上級意見進行處理				

四、設備採購人員績效評估方案

（一）總則

為了提高設備採購人員工作品質，提升採購人員工作熱情，規範公司設備採購人員的工作評估，特制定本方案。

（二）績效考核原則

(A)客觀性原則

以公司對採購人員的工作業績指標及相關的管理指標，和員工實際工作中的客觀事實為基本考核依據。

(B)公開、公正原則

以全面、客觀、公正、公開、規範為核心開展考核工作。

(C)及時性原則

及時地對設備採購人員過去一段時間的工作績效進行評估，肯定成績，發現問題，為下一階段採購工作的績效改進做好準備。

（三）適用對象

本方案主要是為負責公司大小設備採購人員設計（設備採購部經理由直屬上級根據公司相關經理考核進行考核）。但下列人員不在考核範圍內。

①試用期內，尚未轉正的員工。

②連續出勤不滿 6 個月或考核前休假停職 6 個月以上的人員。

③兼職、特約人員。

（四）職責

(A)設備採購部經理

①負責對部門績效考核工作的執行工作。

②負責月員工績效評估的面談工作。

③負責月績效考核的記錄工作。

(B)績效考核小組

①負責年績效考核的領導工作。

②負責考核工作的具體安排。

③負責考核的糾偏及考核爭議的處理工作。

④負責下一年績效目標的制定工作。

（五）績效考核週期

設備採購人員績效考核週期為月考核和年考核。

①月考核於每個月的××日進行，由設備採購部經理在 3 天內完成。

②年考核在××月××日進行考核。

（六）績效考核指標

公司從採購成本、採購效率、設備品質、個人綜合表現四個方面確定設備採購人員績效考核指標，如下表所示。

設備採購人員績效考核指標一覽表

績效考核內容	權重(%)		考核指標	指標標準	考核週期
設備品質	20%		設備品質檢驗合格率	不低於___%	年
採購效率	30%	35%	設備採購及時率	達到___%以上	月
		25%	訂貨差錯率	0	年
		40%	按時交貨率	不低於___%	年
採購成本	40%	35%	採購成本降低額	根據市場變化而定	年
		35%	採購成本費用	不超過公司預算	月
		30%	大宗設備採購成本節約額	比同類設備節約___萬元	年
個人綜合表現	10%	40%	工作態度	工作記錄統計	月
		35%	工作能力	與上一年比較	年
		25%	日常考勤	出勤記錄統計	月/年

（七）績效考核程序

①設備採購部經理組織設備採購人員，將績效考評指標以及考核週期、標準告知採購人員。

②在績效考核週期內，設備採購部經理要對設備採購人員在採購過程中給予指導，對出現的問題提出建議、督促改進。

③在月考核週期結束後，設備採購人員要對此考核週期內個人的工作情況進行自我評價，並以「自我績效評價表」的形式來體現（詳見下表）。

自我績效評價表

填表日期：　　　年　　月　　日

姓　　名		職　　務		任職時間	
部　　門		考核期限	年　月　日至　年　月　日		

請按項列出本年你的主要工作任務：

請列出本年你的主要工作業績(數量化、事實化)			
績效指標	目　標　值	完成情況	未完成原因

下一階段工作任務或計劃：

自我評分：

部門主管：　　　　　　　　　　　　　審核人：

④設備採購人員完成自我考核之後上交考核表，由設備採購部經理與績效考核小組對照績效目標進行考評，其考評結果按照得分劃分為以下幾個等級。

考核得分等級表

考核結果評價	特優	優秀	中等	需改進	淘汰
人員考核得分	90 分以上	80～89 分以上	66～79 分以上	56～65 分以上	55 分以下
所屬等級	A	B	C	D	E

（八）績效考核的回饋

設備採購部經理在考核結果確定後的三天內將考核結果告知被考核人員，並聽取被考核採購人員對績效考核的各方面意見，在面談過程中部門經理填寫《員工績效面談記錄表》，通過績效回饋面談使被考核人瞭解部門經理對自己的期望，瞭解自己的績效，認識自己有待改進的方面。

員工績效面談記錄表

部門名稱：　　　　　　　　　　　　填表日期：　　　年　　月　　日

姓　　　名		職　　位		入職時間	年　月　日
考核期限		年　　月　　日　至　　年　　月　　日			
考核內容	考核指標	權重(%)	考核得分		備　　註
設備品質					
採購效率					
採購成本					
考核總分					
員　　工 自我評價	工作中那些方面比較成功？				
	工作中那些方面需要改善？				
	你認為自己的工作在本部門和全公司中處於什麼狀況？				
員　　工 需求建議	是否需要接受相關的培訓或指導（具體）？				
	你對本次考核有什麼意見和建議？				
	下一步工作和績效改進的方向是什麼？				
備　　註					

受談人：　　　　　　　面談人：　　　　　　　審核人：

（九）績效考核運用

(A)月獎金發放

公司每月根據採購人員月考核得分進行獎金分配。月獎金發放標準如下表所示。

月獎金發放標準

考核結果評價	特優	優秀	中等	需改進	淘汰
獎金發放標準	___元	___元	___元	—	離崗

①累計三個月考核結果為特優者，第三個月獎金加發___元

②累計三個月考核結果為優秀者，第三個月獎金加發___元

③累計三個月考核結果為需改進者，第三個月停發獎金；如第四個月考核結果仍為需改進者，進行淘汰

(B)年終獎金發放

年終獎金發放，以採購人員本年平均績效考核得分為依據進行獎金發放。年平均績效考核得分計算公式為：

年平均績效考核得分=每月績效考核得分÷連續工作月份數

年終獎金發放標準

所屬等級	A	B	C	D
年平均績效考核得分	90分以上	80～89分	66～79分	55～65分
年終獎金發放額	___元	___元	___元	___元

註：工作連續月份在六個月以下的採購人員，年終獎金不應高於等級 D 採購人員的獎金額度。

第 10 章

物流人員績效考核方案

一、物流經理

1. 考核指標設計

工作項		考核指標
物流費用與成本控制	部門預算控制	部門預算達成率
	物流成本	單位成本物流成本率
物流配送管理	訂貨發貨	①配送計劃完成率
		②訂貨週期
		③按時發貨率
	貨物運輸	①貨物準時送達率
		②貨損率
	貨物裝卸	貨物裝卸效率
	貨款回收	回款率
客戶滿意度管理	客戶投訴	客戶有效投訴次數
		客戶投訴處理情況
	客戶滿意度	客戶對物流配送的滿意度評價

2.量化指標設計

序號	量化項目	考核指標	指標說明	權重
1	部門預算	部門預算達成率	$\frac{部門實際發生費用額}{部門預算總額} \times 100\%$	10%
2	物流成本控制	單位物流成本率	$\frac{物流成本}{企業總成本} \times 100\%$	5%
3	物流配送計劃	配送計劃完成率	$\frac{實際完成配送業務數}{計劃完成配送業務數} \times 100\%$	10%
4	訂貨發貨	訂貨週期	客戶從發出訂單到收到貨物的時間	5%
		按時發貨率	$\frac{按時發貨次數}{發貨總次數} \times 100\%$	5%
5	貨物配送	貨物準時送達率	$\frac{貨物準時送達訂單數}{發貨訂單總數} \times 100\%$	15%
		貨損率	$\frac{貨物損失數量}{貨物總量} \times 100\%$	15%
		貨物裝卸效率	$\frac{標準裝卸作業人時數}{實際裝卸作業人時數} \times 100\%$	5%
6	貨款回收	回款率	$\frac{實收貨款金額}{應收貨款金額} \times 100\%$	10%
7	客戶投訴	客戶有效投訴次數	考核期內客戶對物流配送的有效投訴次數	10%

3.定性指標設計

	考核項目	考核內容	權重
8	客戶投訴處理情況	及時、有效處理客戶投訴，確保客戶對投訴處理結果感到滿意	5%
9	客戶滿意度	考核期內，客戶對物流配送的滿意度評價	5%

二、運輸主管

1. 考核指標設計

工作項	工作職責細分	考核指標
1. 運輸路線規劃	(1)根據目的地設計、選擇最佳送貨路線,並組織運輸 (2)根據貨物特點選擇合理的運輸方式,有效搭配每條運輸路線運送的貨物	運輸任務完成率 貨物準時送達率
2. 貨物運輸管理	(1)負責組織、調度運輸車輛,嚴格控制運輸費用	運力利用率; 運輸成本率
	(2)組織相關人員對貨物在運情況進行確認,隨時掌握貨物運輸狀況以便及時解決突發事件	運輸貨損率; 運輸安全事故發生次數
3. 貨物交接手續辦理	(1)貨物運輸前,同倉儲人員辦理貨物出庫手續,並簽字確認	手續辦理情況; 運輸費用結算準確率
	(2)貨物抵達目的地時,督促相關人員辦理貨物交接驗收手續,並與客戶進行運輸費用結算	
4. 車輛與駕駛員管理	(1)組織建立車輛管理信息庫,記錄、核實車輛資料並整理歸檔	車輛資料完整性
	(2)制訂車輛檢修、養護計劃,保證車輛性能良好及出車安全	車輛檢修、養護計劃完成率
	(3)負責駕駛員的日常管理工作,確保駕駛員遵守交通規則,做到安全行車	交通違章次數

2.量化指標設計

序號	量化項目	考核指標	指標說明	權重
1	貨物運輸	運輸任務完成率	$\dfrac{實際完成運輸任務數}{運輸任務總數}\times100\%$	5%
		貨物準時送達率	$\dfrac{貨物準時送達訂單數}{發貨訂單總數}\times100\%$	15%
		運力利用率	$\dfrac{考核期內貨物週轉量}{核定運輸工具噸位公里數}\times100\%$	10%
		運輸成本率	$\dfrac{運輸成本}{運輸貨物實際價值}\times100\%$	15%
		運輸貨損率	$\dfrac{運輸貨物損失數量}{運輸貨物總量}\times100\%$	15%
		運輸安全事故發生次數	考核期內運輸安全事故發生次數	10%
		交通違章次數	考核期內運輸車輛出現交通違章次數	10%
		運輸費用結算準確率	$1-\dfrac{運輸費用結算出錯次數}{運輸費用結算總次數}\times100\%$	5%
2	車輛養護	車輛檢修、養護計劃完成率	$\dfrac{實際完成檢修保養項目數}{計劃實施檢修保養專案數}\times100\%$	5%

3.定性指標設計

	考核項目	考核內容	權重
3	手續辦理情況	貨物出庫、交接手續齊全,辦理及時、準確	5%
4	車輛資料完整性	車輛資料完整、無缺失	5%

三、裝卸主管

1. 考核指標設計

工作項	工作職責細分	考核指標
1. 貨物裝卸搬運	(1)負責指揮裝卸工人進行到達貨物、返程貨物的裝卸工作	卸貨任務完成及時率；裝卸工時效率
	(2)負責組織人員利用裝卸設備對貨物進行放置場所、指定位置或運輸設備之間的移動，確保貨物堆碼符合要求	貨物完好率；裝卸設備開工率；單位人時工作量；客戶對裝卸作業的滿意度
	(3)組織裝卸工按要求裝好貨物，確保準時發貨	
2. 裝卸設備管理	(1)負責裝卸搬運設備、工具的登記、造冊、台賬管理	設備、工具台賬完整性
	(2)組織人員對裝卸設備、工具進行日常保養和維護，並定期檢查	設備、工具完好率

2. 量化指標設計

序號	量化項目	考核指標	指標說明	權重
1	貨物裝卸管理	裝卸任務完成及時率	$\dfrac{\text{及時完成裝卸任務次數}}{\text{接受裝卸任務總次數}} \times 100\%$	15%
		裝卸工時效率	$\dfrac{\text{裝卸作業總量}}{\text{裝卸工時數}} \times 100\%$	15%
		貨物完好率	$1 - \dfrac{\text{裝卸貨物損失數量}}{\text{裝卸貨物總量}} \times 100\%$	15%
		單位人時工作量	$\dfrac{\text{裝卸作業總量}}{\text{作業人數} \times \text{作業時間}} \times 100\%$	10%
2	裝卸設備工具管理	裝卸設備開工率	$\dfrac{\text{裝卸設備實際開動時間}}{\text{裝卸設備標準開動時間}} \times 100\%$	15%
		設備工具完好率	$\dfrac{\text{設備工具完好數}}{\text{設備工具總數}} \times 100\%$	10%

3.定性指標設計

	考核項目	考核內容	權重
3	設備、工具台賬完整性	裝卸設備、工具台賬完整，記錄項目清晰、準確	10%
4	客戶對裝卸作業的滿意度	考核期內客戶對裝卸作業的滿意度評價	10%

四、調度員

1.考核指標設計

工作項	工作職責細分	考核指標
1.貨物調度	(1)根據客戶訂單或托運單制訂合理的貨物調度計劃並進行貨物調度	調貨指令下達及時率
	(2)負責通知相關部門及時做好貨物的裝載準備工作	
2.車輛調度	(1)根據日到貨、返程貨物量，合理制訂出車計劃，調度運輸車輛	運力利用率；車輛調配合理性
	(2)及時通知運輸人員做好貨物運輸作業的準備工作	
	(3)負責在運車輛的跟蹤工作，並及時通知駕駛員就近提取客戶托運的貨物	貨物提取及時率
	(4)監控在運車輛的運輸狀況，發現異常立即通知相關人員協助處理	貨物準時送達率；在運車輛異常情況回饋

2.量化指標設計

序號	量化項目	考核指標	指標說明	權重
1	貨物調度	調貨指令下達及時率	$1-\dfrac{延遲貨物送達次數}{貨物調度總次數}\times100\%$	20%
		貨物提取及時率	$\dfrac{及時提取貨物次數}{提貨總次數}\times100\%$	15%
2	車輛調度	運力利用率	$\dfrac{考核期內貨物週轉量}{核定運輸工具噸位公里數}\times100\%$	15%
		貨物準時送達率	$\dfrac{裝卸作業總量}{作業人數\times作業時間}\times100\%$	20%

3.定性指標設計

	考核項目	考核內容	權重
3	車輛調配合理性	對運貨車輛進行科學、合理的調度，減少車輛空駛里程，提高車輛利用效率，降低運輸成本	15%
4	在運車輛異常情況回饋	及時發現在運車輛的異常情況，並及時回饋給相關人員進行處理	15%

五、配送員

1. 考核指標設計

工作項	工作職責細分	考核指標
1. 貨物配送	(1)根據客戶訂單及具體的配送任務，對配送貨物進行打包處理	配送任務完成率； 貨物準時送達率；
	(2)按照企業標準和客戶要求，將貨物及時、準確地送到指定地點	配送差錯率； 貨物破損率
2. 貨款回收	(1)協助客戶完成貨物驗收工作，並向客戶收取貨款，及時將客戶簽收單及貨款交回公司	簽收單返回率； 貨款回收率
	(2)辦理貨物交接手續，應客戶要求向其提供發票	手續辦理情況
	(3)收集並記錄客戶對所供貨物質量的回饋意見	客戶意見回饋情況
3. 單據保管	定期整理並上交配送單據及相關資料	配送單據缺失率

2. 量化指標設計

序號	量化項目	考核指標	指標說明	權重
1	貨物配送	配送任務完成率	$\dfrac{實際完成的配送任務數}{應完成配送任務總數} \times 100\%$	15%
		貨物準時送達率	$\dfrac{貨物準時送達次數}{送貨總次數} \times 100\%$	15%
		配送差錯率	$\dfrac{貨物配送出錯次數}{送貨總次數} \times 100\%$	15%
		貨物破損率	$\dfrac{送貨損失數量}{送貨總量} \times 100\%$	10%
2	單據及貨款回收	簽收單返回率	$\dfrac{簽收單實際返回數}{簽收單應返回總數} \times 100\%$	10%
		貨款回收率	$\dfrac{貨款實際回收金額}{應收貨款金額} \times 100\%$	15%
		配送單據缺失率	$\dfrac{配送單據缺失數}{配送單據總數} \times 100\%$	5%

3. 定性指標設計

	考核項目	考核內容	權重
3	手續辦理情況	手續齊全，辦理準確無誤	5%
4	客戶意見回饋情況	將客戶意見真實、客觀、及時地回饋給相關人員，並協助其進行處理	10%

第 *11* 章

倉儲人員績效考核方案

一、倉儲經理績效考核

（一）關鍵業績指標

1.職責概述

在生產總監的領導下，制定倉儲管理的相關制度，組織物料、成品的進出庫管理，定期組織倉庫賬目與實物盤點工作，保證物料、成品存儲整齊有序、完好無損。

2.主要工作

⑴組織編制各項倉庫管理制度，經生產總監批准後實行，並對實行情況進行監督。

⑵分析物料和成品倉庫的空間、設備、人力與成品型態，擬訂完善的物料和成品倉儲管理方案與作業程序。

⑶做好倉庫庫存量的籌畫與控制，根據公司的生產和銷售能力，確定原材料及產品的標準庫存量。

⑷及時與工廠、銷售部溝通，保證生產用原材料的庫存供給和銷售部發送產品所需的庫存供給。

⑸組織做好倉庫內物料和成品的出入庫工作，按規定手續做好物料和成品的收發工作。

⑹編制物料和成品的入庫台賬、退貨台賬及庫存台賬等，並將相關台賬報送財務部和生產總監。

⑺及時將庫存積壓和過期原材料的情況向生產總監彙報。

⑻監督材料庫及成品庫的倉庫環境，檢查物料和成品的 5S 管理狀況，確保物料和成品的品質，確保易於倉庫作業。

⑼協同人力資源部門相關人員辦理下屬人員的考核、獎懲、職位升降等事項，提高下屬人員的工作能力。

⑽完成上級交辦的其他工作。

3.關鍵業績指標

⑴倉儲管理費用控制目標達成率

⑵庫存物資損耗率

⑶倉庫盤點賬實相符率

⑷倉庫事故損失額控制目標達成率

⑸倉儲設施完好率

⑹倉儲培訓計畫完成率

（二）考核指標設計

倉儲經理的主要職責是組織物料及成品的儲存、保管工作，加強庫區管理。其關鍵業績指標分為財務、運營、客戶、學習發展四種，其具體的考核指標設計如表所示。

倉儲經理考核指標設計表

被考核者			考 核 者		
部　　　門			職　　　位		
考核期限			考核日期		

關鍵績效指標		權重	績效目標值	考核得分	
				指標得分	加權得分
財務類	倉儲管理費用控制	5%	考核期內，倉儲管理費用控制在預算範圍內		
	單位庫存成本降低率	5%	考核期內，單位庫存成本降低率達＿＿％以上		
運營類	倉儲物資損耗率	15%	考核期內，倉儲物資損耗率不大於＿＿％		
	庫存盤點賬實不符次數	15%	考核期內，盤點賬實不符次數不超過＿＿次		
	倉儲事故損失額	10%	考核期內，倉儲事故損失額不超過＿＿元		
	倉庫現場 5S 檢查合格率	10%	考核期內，倉庫現場 5S 檢查合格率達到＿＿％		
	倉儲設施設備完好率	5%	考核期內，倉儲設施設備完好率達到＿＿％		
客戶類	出庫工作延遲被投訴次數	10%	考核期內，因物料、成品出庫不及時而遭投訴的次數不得超過＿＿次		
	部門協作滿意度	5%	考核期內，相關部門協作滿意度評分達＿＿分		
學習發展類	下屬倉儲考核合格率	5%	考核期內，下屬倉儲考核合格率達＿＿％		
	倉儲培訓計畫完成率	5%	考核期內，倉儲培訓計畫完成率達到100％		
	核心員工離職率	5%	考核期內，核心員工離職率控制在＿＿％以內		
合　　計					

被考核者	考核者	復核者
簽字：　　日期：	簽字：　　日期：	簽字：　　日期：

（三）績效考核細則

倉儲經理績效考核細則

文本名稱	倉儲經理績效考核細則	受控狀態	
		編　　號	

一、目的

　　為明確工作目標和工作責任，生產總監與倉儲經理簽訂此目標責任書，以確保工作目標的按期實現。

　　二、雙方的權利和義務

　　1.生產總監擁有對倉儲經理的監督考核權，並負有指導、協助倉儲經理展開必要工作的責任。

　　2.倉儲經理負責倉儲管理的日常事務，要保質、保量地完成公司規定的相應工作，在工作上服從生產總監的安排。

　　三、責任期限

　　××××年××月××月～××××年××月××日。

　　四、考核頻率和考核得分計算

　　1.倉儲經理的考核為季考核與年考核相結合。季考核的時間為下一季的第一個月的 1～15 日；年考核時間為下一年的第一個月的 1～25 日。

　　2.考核得分=權重×分數。

　　五、考核內容和指標說明

　　通過分析倉儲經理的主要職責和工作事項，可設計出倉儲經理的績效考核指標體系。

1. 倉儲經理的季考核辦法如下表所示。

倉儲經理季考核辦法表

部門：		崗位：	年/季：____年第____季			

被考核人				考核時間			

考核指標	權重	考核標準				得分	考核人
庫房管理	30%	1.因倉庫收發物料、成品原因影響生產、銷售的，一次扣20分 2.因庫房管理不善造成物料、成品損失在1000元以上、3000元以內的，一次扣20分 3.因庫房管理不善造成物料、成品損失在3000元以上、5000元以內的，一次扣50分 4.因庫房管理不善造成物料、成品損失在5000元以上的，該項得0分					生產總監
庫存信息管理	20%	考核項目			得分		生產總監
		庫存信息記錄準確性(40%)					
		庫存信息管理規範性(30%)					
		庫存信息更新及時性(30%)					
庫存盤點相符率(X)	25%	說明：X=經盤點賬實相符的物資數量/盤點物資的總數量×100%					生產總監
		標準定義		得分區間			
		X≥99%		91～100			
		98%≤X<99%		81～90			
		97%≤X<98%		61～80			
		96%≤X<97%		41～60			
		X<96%		0～40			

主管綜合滿意度	25%	說明：直接上級對其季內其他工作職責執行情況的綜合評價		生產總監
		標準定義	得分區間	
		大大超過計畫要求，給公司帶來預期外的較大收益	91～100	
		超出計畫要求，超過公司預期目標	81～90	
		達到計畫的基本要求，完成基本目標	61～80	
		未能達到計畫要求，但尚未給公司帶來較大損失	41～60	
		未完成計畫，給開展正常工作帶來較大的消極影響	0～40	
季考核得分				
人力資源經理評價			簽字	
			日期	
生產總監評價			簽字	
			日期	

2.倉儲經理的年考核辦法如下表所示。

倉儲經理年考核辦法設計表

部門：　　　　　　　崗位：　　　　　　　年：＿＿＿＿年

被考核人				考核時間			
考核指標	權重	考核標準				得分	考核人
部門預算費用執行率(A)	20%	說明：$A = \times 100\%$					財務經理
		標準定義		得分區間			
		$A \leqslant -10\%$		91～100			
		$-10\% < A \leqslant -5\%$		81～90			
		$-5\% < A \leqslant 0$		61～80			
		$0 < A < 5\%$		41～60			
		$A \geqslant 5\%$		0～40			

續表

		說明：下屬員工對倉儲經理管理工作的綜合滿意程度			
員工 滿意度	20%	考核項目	權重	得分	生產 總監
		對下屬工作任務安排的合理性	20%		
		對下屬授權的合理性	20%		
		對下屬工作目標的明確性	10%		
		與下屬溝通的充分性	30%		
各季業績 平均指標	60%	說明：各季業績平均指標得分=各季平均分×權重				人力 資源 經理
		一季	二季	三季	四季	
年綜合得分					
人力資源 經理評價				簽字	
				日期	
生產總監 評價				簽字	
				日期	

六、年目標責任獎懲規定

1. 如倉儲經理在目標期限內基本完成責任目標，考核合格，則公司將在福利待遇、個人榮譽方面對倉儲經理進行回報；如倉儲經理考核結果優秀，除全額支付倉儲經理基本工資，按考核結果發放年獎金外，還將上調倉儲經理的下年基本工資級別。

2. 如倉儲經理在目標期限內未完成指標，公司扣發基本工資的 20%作為處罰。如出現重大責任事故，公司有權對倉儲經理提出終止聘用合約，並停止一切工資福利待遇。

七、年報酬的計算方法和發放辦法

根據倉儲經理考核的結果計算倉儲經理報酬總額，倉儲經理報酬總額的計算方式如下。

1. 倉儲經理年目標責任報酬＝月基本工資×12＋年獎金（月基本工資為××）。

2. 年獎金：年基準獎金×報酬係數（年基準獎金為××）。

3. 公司按月為倉儲經理發放月基本工資，年獎金則根據年考核確定的報酬係數發放，兌現時間為下一年 1 月的 25～30 日。

八、目標責任書的修訂和解釋

1. 本責任書執行過程中，生產總監、倉儲經理都可根據實際情況提出對有關考核指標項目內容、評分標準、權重進行修訂調整的建議，修訂辦法由公司研究確定。

2. 本責任書解釋權歸公司人力資源部。

生產總監

（簽章）：×××　　　日期：××××年××月××日

倉儲經理

（簽章）：×××　　　日期：××××年××月××日

相關說明					
編制人員		審核人員		批准人員	
編制日期		修改處數		批准日期	

倉儲經理的「職業素養」量化評分表

名稱	指標定義	評估		得分	
職業素養	遵守職業道德，工作中體現出客觀、公正、誠信、理性、專業、負責、理解、包容的態度	沒有	偶爾	經常	總是
1	不折不扣地完成本職工作，不以任何理由做藉口或托詞	0	1 或 2	3 或 4	5
2	對分工不明確的工作，主動承擔責任	0	1 或 2	3 或 4	5
3	以積極的心態遵守嚴格的工作標準和工作流程，接受審計監督	0	1 或 2	3 或 4	5
4	拒絕接受賄賂，包括所有損害企業利益的物質或非物質交換的私下行為	0	1 或 2	3 或 4	5
5	只要企業需要，隨時能投入自己的時間、精力和資源	0	1 或 2	3 或 4	5

二、物料倉儲主管績效考核

（一）關鍵業績指標

1.職責概述

在倉儲經理領導下，制定物料倉儲管理制度，督促下屬專員加強對物料的出入庫管理，做好物料保管、消防安全等工作，定期組織倉庫盤點工作，確保倉庫物料品質和數量符合要求。

2.主要工作

⑴在倉儲經理的指導下，確定物料的最低庫存基數，低於規定基數的，督促物料倉管員及時聯繫採購工作。

⑵組織物料倉管員接收所採購的物料，核對物料的品種、規格、

數量，並協助品質檢驗人員的檢驗工作。

⑶結合實際情況擬定物料保管方案，監督檢查倉庫「12 防」(防火、防水、防潮、防變質、防曬、防爆、防壓、防盜、防塵、防腐、防銹、防蛀)工作，確保入庫後的物料符合使用要求。

⑷嚴格監督品質管理體系運行規定和出入庫操作程序的執行情況，未檢驗或檢驗不合格的物料一律禁止入庫和發放出庫。

⑸切實抓好物料倉庫的 5S 管理和品質管理體系運行工作，做到物料堆放整齊有序，標識準確清晰。

⑹協助倉儲經理組織每週的 5S 檢查和每月的安全例檢工作，並及時落實整改工作。

⑺按時對物料倉庫進行巡視，並檢查物料倉管員的物料出入庫日記賬、庫存卡，是否及時正確上報原料日報表。

⑻組織物料倉管員在相關部門的協助下進行倉庫盤點工作，按規定填寫盤點卡，做到賬、卡、物相符。

⑼完成上級臨時交辦的其他工作。

3.關鍵業績指標

⑴物料入庫(出庫)差錯率

⑵倉儲物料破損率

⑶物料收發及時率

⑷物料倉庫巡檢次數

⑸物料各項台賬、報表出錯次數

(二) 考核指標設計

1.物料倉儲主管目標管理卡

根據物料倉儲主管的主要工作事項及上期實際業績的完成情

況，在倉儲經理的指導下，填制以下目標管理卡（如下表所示）。

物料倉儲主管目標管理卡

考核期限		姓　名		職　位		員工簽字	
實施時間		部　門		負責人		主管簽字	

1. 上期實績自我評價（目標執行人記錄後交直屬主管評價）				直屬主管評價
目標的實際完成程度	自我評分	主管評分	⇨ 1	⑴目標實際完成情況
物料入庫差錯率為＿＿＿%，比目標值高（低）＿＿＿%				
物料出庫差錯率為＿＿＿%，比目標值高（低）＿＿＿%				
倉儲物料破損率為＿＿＿%，比目標值高（低）＿＿＿%				
物料收發及時率為＿＿＿%，比目標值高（低）＿＿＿%				
物料倉庫按時巡檢次數為＿＿＿次，與目標值相比，超出（相差）＿＿＿次				

			(2)與目前職位要求相比，其能力素質的差異
物料台賬、報表出錯次數為＿＿次，與目標值相比，超出（相差）＿＿次			

2.下期目標設定（與直屬主管討論後記入）

項　　目		計畫目標	完成時間	權重	
工作目標	物料入庫差錯率	比上期降低＿＿%			
	物料出庫差錯率	比上期降低＿＿%			
	倉儲物料破損率	比上期降低＿＿%		2	(3)能力素質提升計畫
	物料收發及時率	達到100%			
	物料倉庫巡檢次數	按規定100%完成			
個人發展目標	參加倉儲管理培訓	參加率達100%，考核得分達＿＿分			
	參加個人領導力培訓	參加率達100%			

2.物料倉儲主管績效考核表

　　考核期結束後，考核人員可根據上述目標管理卡，對物料倉儲主管主要工作目標的完成情況、工作能力、工作態度進行評估，並填制相應的績效考核表。

物料倉儲主管績效考核表

員工姓名：_____　　職位：_____

部　　門：_____　　地點：_____

評估期限：自____年____月____日至____年____月____日

1. 主要工作完成情況

序號	主要工作內容	考核內容	目標完成情況	考核分數	
				分值	考核得分
1	確保入庫操作程序得到貫徹執行，確保不合格物料不入庫	物料入庫差錯率			
2	確保出庫操作程序得到貫徹執行，確保不合格物料不發放	物料出庫差錯率			
3	擬定物料保管方案，監督檢查「12防」工作，確保物料安全	倉儲物料破損率			
4	組織物料專員及時接收和發放物料，做好物料的出入庫工作	物料收發及時率			
5	按時巡視物料倉庫，並檢查物料專員的工作	物料倉庫巡檢次數			
6	做好物料倉庫 5S 管理工作，做到物料堆放整齊有序	物料擺放不合格次數			
7	物料專員配合有關部門做藥物料盤點工作	物料各項台賬、報表出錯次數			

2. 工作能力

考核項目	考核內容	分值	考核得分		
			自評	考核人	考核得分
溝通能力	是否能夠很好地傾聽，並能很快明白對方的想法；表達是否簡潔，使對方易於理解和執行				

| 問題解決能力 | 能否迅速理解並把握物料保管中出現的問題，並找到解決保管問題的辦法 | | | |

3.工作態度

考核項目	考核內容	分值	考核得分		
			自評	考核人	考核得分
團隊精神	是否積極配合、支援倉儲管理其他工作人員的工作，具有良好的團隊精神				
工作主動性	是否熱心關注本倉庫的工作狀態，主動協助倉儲經理開展工作，對倉儲管理工作經常提出建設性意見和建議				

請把您認為合適的分數填寫在相應方格內，如塗改，請塗改者在塗改處簽字，評後準時送交人力資源部。

被考核者(自評人)簽名：　　　　　直接上級簽名：

（三）績效考核細則
物料倉儲主管績效考核細則

考核細則	物料倉儲主管績效考核細則		受控狀態	
			編　號	
執行部門		監督部門	考證部門	

一、目的

1. 通過制定客觀的考核標準，對物料倉儲主管的工作進行考核，進一步激發物料倉儲主管的工作積極性，提高物料倉儲主管的工作效率。

2. 通過對物料倉儲主管的工作進行績效評估，倉儲經理有針對性地提出改進措施，提高倉儲主管的工作效率。

二、考核頻率與時間

物料倉儲主管考核頻率為每季考核一次，時間為下一個季第一個月的1～5日，遇節假日順延。

三、考核指標與考核標準設計

物料倉儲主管的工作考核方法和具體的指標說明如下表所示。

物料倉儲主管考核指標與考核方法表

指標	計算公式/定義	工作標準	權重	信息來源	考核週期
物料倉儲費用達成率	實際發生的物料倉儲費用/計畫物料倉儲費用×100%	1. 等於目標值，得 100 分；每降低___%，加___分，最高可加___分 2. 超出目標值___%，不得分 介於中間的按線性關係計算	10%	費用明細科目及預算資料匯總	月統計季考核
收發料台賬登記及時	收料、發料台賬登記所耗費的時間	1. 等於目標值，得 100 分 2. 每超出目標值___小時，減___分 3. 超出目標值___小時，不得分	15%	收料、發料台賬	月統計季考核
物料出入庫單據傳遞及時性	24 小時內對處理完的單據進行傳遞	1. 等於目標值，得 100 分 2. 每超出目標值___天，減___分 3. 超出目標值___天，不得分	10%	工作記錄	月統計季考核
物料庫存週報及時提交率	1-延誤提交的物料庫存週報數/提交的物料庫存週報總數×100%	1. 等於目標值，得 100 分；每降低___%，減___分 2. 比目標值低___%，不得分	10%	物料庫存週報提交時間記錄	月統計季考核

物料庫存分析準確率	物料庫存分析報告無誤的份數／提交報告的總份數×100%	1. 等於目標值，得 100 分；每降低___%，減___分 2. 比目標值低___%時，不得分	10%	庫存分析報告	月統計季考核
物料定置管理合理性	物料倉庫現場管理狀況是否整齊清潔、堆放有序	1. 定置存放，物流有序，得分區間為 91～100 2. 大部份物料定置存放，物流基本有序，得分區間為 81～90 3. 未定置存放，擺放有序整齊，得分區間為 61～80 4. 凌亂，未定置存放，擺放不整齊但未佔通道，得分區間為 41～60 5. 很亂，未定置存放，擺放不整齊，通道不暢，得分區間為 0～40	10%	物料倉庫檢查記錄、定期盤點記錄	月統計季考核
物料庫存盤點賬實相符率	經盤點賬物相符的金額／盤點的物料總金額×100%	1. 等於目標值，得 100 分；每降低___%，減___分 2. 比目標值低___%，不得分	10%	物料庫存盤點記錄	月統計季考核
一年內要過期的倉儲物料金額	當期期末庫存物料中一年內要過期物料所佔的金額	1. 等於目標值，得 100 分；每降低___萬元，加___分，最高可加___分 2. 比目標值高___元，不得分 3. 介於中間的，按線性關係計算	10%	發料報表和物料庫存報表	月統計季考核

續表

倉儲物料損失金額	損壞的倉儲物料的賬面價值	1. 等於目標值，得 100 分；每降低____萬元，加____分，最高可加____分 2. 高於目標值____萬元，不得分 3. 介於中間的，接線性關係計算	10%	物料庫存盤點記錄	月統計季考核
倉儲設施設備完好率	物料倉儲設施檢查得分	1. 等於目標值，得 100 分；每提高____分，加____分，最高____分 2. 低於目標值____分，不得分 3. 介於中間的，按線性關係計算	5%	倉儲設施設備狀態檢查表	月統計季考核

四、考核實施和申訴

1. 人事考核專員組織相關人員根據物料倉儲主管的實際工作表現，對照「物料倉儲主管績效考核表」對物料倉儲主管的工作績效進行評估，並將結果匯總，上交人力資源部。

2. 人力資源部於審批結束後的五個工作日內將審批結果回饋給倉儲經理，由倉儲經理與物料倉儲主管進行績效面談。

3. 考核面談在考核結束後七個工作日內進行，由倉儲經理安排績效面談，物料倉儲主管的個人考核資料對其本人公開。

4. 物料倉儲主管對考核結果持有異議時，可在考核面談結束之後的兩星期內向人力資源部提出仲裁申請，由人力資源部在考核面談結束後的第三個星期內組織考核仲裁委員會仲裁。

5. 考核仲裁委員會在聽取倉儲經理和物料倉儲主管的陳述、查閱有關記錄資料後做出裁決。裁決應在全體委員、倉儲經理和物料倉儲主管同時在場的情況下宣佈。此裁決具有最終效力。

五、考核結果運用

運用上述評分表進行考核後，根據評分結果計算考核結果，並依據公司制定的薪酬獎懲規定加以運用。

編制日期		審核日期		批准日期	
修改標記		修改處數		修改日期	

三、成品倉儲主管績效考核

（一）關鍵業績指標

1.職責概述

在倉儲經理的領導下，負責產成品的出入庫管理工作，負責成品倉儲的堆放、維護保管等工作，定期組織倉庫盤點工作，確保倉庫成品存儲整齊有序。

2.主要工作

⑴協助倉儲經理制定產成品倉儲管理相關制度，指導、考核成品庫倉管員的工作。

⑵定期瞭解成品庫存情況及採購、生產、銷售情況，及時提出意見給相關部門，避免成品積壓或短缺。

⑶嚴格遵守成品的接收與保管程序，組織成品庫倉管員準確、及時完成產成品的出入庫工作。

⑷督促成品庫倉管員嚴格遵守「成品庫倉管員職責」，切實做好包裝品質檢查及數量清點、批號核對等驗收工作。

⑸定期開展成品庫庫房現場巡檢，檢查現場衛生和消防設施的達標情況，確保現場符合成品倉儲作業要求。

⑹組織成品庫倉管員改善成品庫的倉儲環境，做好倉庫的「12防」工作，確保在庫產成品品質。

⑺負責對積壓成品的使用、發貨及退回產品的出入庫程序進行把關，並提供相關資料，及時跟蹤處理緊急情況。

⑻組織年、季、月成品庫盤點工作，接受相關部門對成品倉儲工作的監督，保證賬、卡、物相符。

⑼完成上級臨時交辦的其他工作。

3.關鍵業績指標

⑴倉儲成品損失金額

⑵成品收發差錯率

⑶成品台賬管理出錯率

⑷倉庫安全事故率

（二）考核指標設計
1.成品倉儲主管目標管理卡

採用目標管理卡對成品倉儲主管的工作進行績效考核時，目標管理卡中主要包括上期實績自我評價、直屬主管人員的評價及下期目標設定三方面內容，具體如下表所示。

成品倉儲主管目標管理卡

考核期限		姓　　名		職　　位			員工簽字	
實施時間		部　　門		負責人			經理簽字	

1. 上期實績自我評價（目標執行人記錄後交直屬主管評價）			直屬主管評價	
目標的實際完成程度	自我評分	主管評分		(1)目標實際完成情況
倉庫巡檢工作按時完成率達 100%，達成工作目標				
成品庫存損失額為＿＿＿元，高於（低於）目標值＿＿元			⇨ 1	
成品收發差錯率為＿＿＿%，比目標值高（低）%				
成品倉庫 5S 檢查不合格項數＿＿＿項，超出（低於）目標值＿＿＿項				
成品台賬、報表管理出錯率為＿＿＿%，超出（低於）目標值＿＿%				(2)與目前職位要求相比，其能力素質的差異
倉庫安全事故率控制在＿＿＿%，比目標高（低）＿＿＿%				

2. 下期目標設定（與直屬主管討論後記入）			完成時間	權重		
工作目標	成品庫存損失額	比上期降低＿＿元				(3)能力素質提升計畫
	成品收發差錯率	控制在＿＿%以內				
	成品倉庫 5S 檢查不合格項數	控制在目標值範圍內			⇦ 2	
	成品台賬、報表管理出錯率	比上期降低＿＿＿%				
	倉庫重大安全事故（損失金額在＿＿元以上）	控制為 0 起				
個人發展目標	參加倉儲管理培訓	參加率達 100%，考核得分達＿＿分				
	參加個人領導力培訓	參加率達 100%				

2.成品倉儲主管績效考核表

根據考核期初制定的目標管理卡，在考核期結束後，倉儲經理應根據該張卡片從主要工作完成情況、工作能力、工作態度三個方面對成品倉儲主管進行考核，具體如表所示。

成品倉儲主管績效考核表

員工姓名：_____   職位：_____

部　　門：_____   地點：_____

評估期限：自____年____月____日至____年____月____日

1. 主要工作完成情況

序號	主要工作內容	考核內容	目標完成情況	分值	考核得分
1	定期開展成品庫房現場巡檢，檢查現場衛生和消防設施	倉庫巡檢工作按時完成率			
2	落實倉庫安全防範措施，做好倉庫的「12防」工作	成品庫存損失額 倉儲安全事故率			
3	組織成品倉管員準確、及時地完成成品的出入庫工作	成品收發差錯率			
4	定期檢查倉儲環境，以確保現場符合成品倉儲作業要求	成品倉庫 5S 管理不合格項數			
5	建立成品收發台賬，定期與財務部核對，做到賬、卡、物相符	成品台賬、報表管理出錯率			

2.工作能力					
考核項目	考核內容	分值	考核得分		
			自評	考核人	考核得分
應變能力	能否做到在倉儲管理過程中，遇到突發事件不慌亂，並且能迅速抓住關鍵，巧妙應對				
溝通能力	是否能夠自如地表述自己對倉儲工作改進的認識和各部門人員討論提升倉儲工作效率的方法				

3.工作態度					
考核項目	考核內容	分值	考核得分		
			自評	考核人	考核得分
責任心	是否在倉儲管理工作中對每個環節都盡心盡力，不推脫責任、不找藉口				
工作主動性	是否對倉儲管理工作有工作熱情，能主動地以主人翁的態度去完成倉儲管理工作				

請把您認為合適的分數填寫在相應方格內，如塗改，請塗改者在塗改處簽字，評後準時送交人力資源部。

被考核者(自評人)簽名：　　　　　　直接上級簽名：

（三）績效考核細則

表 7-10　成品倉儲主管績效考核細則

考核細則	成品倉儲主管績效考核方案		受控狀態	
			編　　號	
執行部門		監督部門	考證部門	

　　成品倉儲主管的考核指標主要含工作業績、工作態度、工作能力三部份，其權重設置分別為：工作業績 70%、工作態度 15%、工作能力 15%。

　　1. 成品倉儲主管的工作業績考核主要從 11 個方面進行，詳見下表所示。

成品倉儲主管工作業績考核與評分標準說明表

指標	計算公式/定義	工作標準	權重	得分	信息來源	考核週期
成品倉儲費用達成率	實際發生的成品倉儲費用/計畫成品倉儲費用×100%	1. 等於目標值，得 100 分；每降___%，加___分，最高可加___分 2. 超出目標值的___%，不得分 3. 介於其中的，按線性關係計算	10%		費用明細科目及預算匯總等相關資料	月統計季考核
成品收發台賬登記及時性	成品收發台賬登記所耗費的時間	1. 等於目標值，得 100 分；每超出目標值___小時，扣___分 2. 超出目標值___小時，此項得分為 0	10%		產品收發台賬	月統計季考核
成品出入庫單據傳遞及時性	24 小時內對處理完的單據進行傳遞	1. 等於目標值，得 100 分；每超出目標值___小時，扣___分 2. 超出目標值___小時，此項得分為 0	10%		工作記錄	月統計季考核

成品庫存週報提交及時率	1-延誤提交的成品庫存週報數量/提交的成品庫存週報總數×100%	1. 等於目標值，得 100 分；每降低____%，減____分 2. 比目標值低____%，不得分	10%	成品庫存週報提交時間記錄	月統計季考核
成品庫存分析準確率	成品庫存分析報告無誤的份數/提交報告的總份數×100%	1. 等於目標值，得 100 分；每降低____%，減____分 2. 比目標值低____%時，不得分	10%	成品庫存分析報告	月統計季考核
成品定置管理	成品倉庫現場管理狀況是否整齊清潔、堆放有序	1. 全部定置存放，得分區間為 91～100 2. 大部份成品定置存放，得分區間為 81～90 3. 未定置存放。但擺放有序整齊，得分區間為 61～80 4. 未定置存放，擺放不整齊但未佔通道，得分區間為 41～60 5. 未定置存放，擺放不整齊、通道不暢得分區間為 0～40	10%	成品倉庫檢查記錄、定期盤點記錄	月統計季考核
成品庫存盤點賬實相符率	成品庫存盤點賬物相符的金額/成品庫存總額×100%	1. 等於目標值，得 100 分；每降低____%，減____分 2. 比目標值低____%，此項得分為 0	10%	成品庫存盤點記錄	月統計季考核
倉儲成品損失額	損壞的倉儲成品的賬面價值	1. 等於目標值，得 100 分；每降萬元，加___分，最高加____分 2. 高於目標值__萬元，不得分 3. 介於其中按線性關係計算	10%	成品庫存盤點記錄	月統計季考核

成品倉儲設施設備正常使用	成品倉儲設施檢查得分	1. 等於目標值，得 100 分 2. 低於目標值＿＿分，不得分	10%	成品倉儲設施設備狀態檢查評分表	月檢查季考核

　　2. 成品倉儲主管的工作態度主要從責任心、主動性、公平公正意識、員工培養意識、團隊建設意識五個方面來考核，詳見下表。

成品倉儲主管工作態度考核與評分標準說明表

考核內容	級別	評分標準	權重	評分	得分
責任心	優	有強烈的責任心，從來沒有失職行為	20%	91～100	
	良	有較強的工作責任心，但是偶有失職行為		71～90	
	中	有一定的工作責任心，時常有失職行為		51～70	
	差	基本上沒有工作責任心，對工作失職習以為常		0～50	
主動性	優	工作熱情，能主動考慮問題，並主動提出問題解決辦法，對分內、分外的工作都能積極主動地去做	20%	91～100	
	良	工作有一定的主動性和熱情，但需要上級督促		71～90	
	中	工作缺乏主動，缺乏熱情，需要上級不斷督促		51～70	
	差	根本無工作熱情，無法完成工作		0～50	
公平公正意識	優	有強烈的公平公正意識，從不偏袒下屬	20%	91～100	
	良	有較強的公平公正意識，但是偶爾會偏袒下屬		71～90	
	中	有一定的公平公正意識，時常會偏袒下屬		51～70	
	差	基本上沒有公平公正意識，偏袒下屬習以為常		0～50	

考核內容	級別	評分標準	權重	評分	得分
員工培養意識	優	有強烈的員工培養意識，極力關注下屬的成長	20%	91～100	
	良	有一定的員工培養意識，關注下屬成長		71～90	
	中	員工培養意識淡薄，不太關注下屬成長		51～70	
	差	基本上沒有員工培養意識，完全忽視下屬成長		0～50	
團隊建設意識	優	團隊建設不遺餘力，下屬有強烈的團隊意識	20%	91～100	
	良	積極開展團隊建設，下屬有相當的團隊意識		71～90	
	中	不積極開展團隊建設，下屬有一定的團隊意識		51～70	
	差	基本上不開展團隊建設，下屬團隊意識匱乏		0～50	

3. 成品倉儲主管的工作能力主要從計畫執行能力、影響能力、工作分配能力、分析判斷能力這四個方面來考核，詳見下表。

成品倉儲主管工作能力考核與評分標準說明表

考核內容	級別	評分標準	權重	評分	得分
影響能力	優	能積極影響他人的思維方式和事情的發展方向	25%	91～100	
	良	能以自己積極的言行帶領大家努力工作		71～90	
	中	有時能影響他人		51～70	
	差	對他人幾乎無影響力或完全操縱利用他人		0～50	
計畫執行能力	優	能按計劃嚴格執行，確保在每個細節上不出差錯	25%	91～100	
	良	能按計劃執行，較注意細節，偶有差錯發生但能迅速改正		71～90	
	中	能大致按計劃執行，不太注意細節，偶有差錯發生		51～70	
	差	工作無計畫，隨意，常出差錯		0～50	

續表

工作 分配 能力	優	善於分配工作與職權，能積極傳授工作知識，引導下屬人員非常出色地完成任務	25%	91～100
	良	能順利分配工作與職權，有效傳授工作知識，引導下屬人員較出色地完成任務		71～90
	中	欠缺分配工作、職權及指導部屬的方法		51～70
	差	不善分配工作與職權，缺乏指導員工方法		0～50
分析 判斷 能力	優	對所做決策有良好的權衡和判斷評估	25%	91～100
	良	大致能作出正確的判斷和評估		71～90
	中	對事物缺乏分析判斷方法，結果可信度低		51～70
	差	對日常工作經常判斷失誤，耽誤工作進程		0～50
編制日期		審核日期	批准日期	
修改標記		修改處數	修改日期	

四、倉管員績效考核

（一）關鍵業績指標

1.職責概述

在倉儲主管的領導下，遵守倉庫各項規章管理制度，有序地開展物料和成品的出入庫工作，做好所轄庫區物料和成品的儲存管理，確保倉儲物料和成品等物資的儲存安全。

2.主要工作

⑴做好出入庫物資的名稱、出入庫數量、價格、規格、進貨日期、領料人員及領料日期等方面的詳細記錄。

⑵負責倉庫管理中的出入庫單、驗收單等原始資料及賬冊的收集、整理和建檔，協助統計專員編制相關統計報表。

⑶監管裝卸工裝卸物料，確保不因裝卸影響物料品質。

⑷負責定期對倉庫物資盤點清倉，做到賬、物、卡相符，協助倉儲主管做好盤點、盤虧的處理及調賬工作。

⑸定期盤查物資狀態，對近保質期的物資必須立即登記報驗，並及時傳遞信息，避免不必要的損失。

⑹根據物資的物理、化學特性區分擺放物品，避免物資吸潮、受熱，物資定置合理，標識清晰完整，倉容整潔。

⑺落實倉庫安全防範措施，做好倉庫物資的防水、防潮、防爆、防腐蝕、防鼠蟲害等日常保養工作。

⑻負責倉庫區域內的治安、防盜、消防工作，按時開展日巡月檢，發現事故隱患及時上報，對意外事件及時處理。

⑼做好交接班工作，未完成事項當面或書面交代清楚。

⑽完成上級交辦的其他工作。

3.關鍵業績指標

⑴物資出入庫差錯率

⑵物資完好率

⑶單據傳遞及時率

⑷安全事故率

⑸物資倉儲損失控制率

（二）考核指標設計

1.倉庫管理員目標管理卡

通過分析倉庫管理員的主要工作事項和檢查上一考核期的實際業績完成情況，在倉儲主管的指導下，如實填制倉庫管理員目標管理卡(如下表所示)。

倉庫管理員目標管理卡

考核期限			姓　名		職　位		員工簽字	
實施時間			部　門		負責人		經理簽字	
1. 上期實績自我評價（目標執行人記錄後交直屬主管評價）							直屬主管評價	
目標的實際完成程度			自我評分	主管評分			(1)目標實際完成情況	
物資出入庫差錯率為＿＿＿%，比目標值高(低)＿＿＿%					1			
物資完好率達＿＿＿%，比目標值高(低)＿＿＿%								
單據傳遞及時率為＿＿＿%，比目標值高(低)＿＿＿%								
重大安全事故發生率為 0，一般安全事故發生率控制在＿＿＿%，達成(未達成)計畫的目標值							(2)與目前職位要求相比，其能力素質的差異	
物資倉儲損失為＿＿＿元，與目標值相比，降低(提高)了＿＿＿元								
2. 下期目標設定（與直屬主管討論後記入）								
項　　目			計畫目標		完成時間	權重		
工作目標		物資出入庫差錯率	比上期降低＿＿%				(3)能力素質提升計畫	
		物資完好率	比上期提高＿＿%					
		單據傳遞及時率	達到 100%					
		重大安全事故發生率	控制為 0		2			
		一般安全事故發生率	比上期降低＿＿%					
個人發展目標		參加倉儲管理培訓	參加率達 100%，考核得分達＿＿＿分					
		參加物資盤點培訓	參加率達 100%					
		利用業餘時間完成相關專業課程學習	考試分數達＿＿＿分					

2.倉庫管理員績效考核表

在考核期結束後，倉儲主管可根據考核期初填制的目標管理卡，從主要工作完成情況、工作能力、工作態度三個方面對下屬倉庫管理員進行考核，具體如下表所示。

倉庫管理員績效考核表

員工姓名：_____　　職位：_____

部　　門：_____　　地點：_____

評估期限：自____年____月____日至____年____月____日

1.主要工作完成情況

序號	主要工作內容	考核內容	目標完成情況	考核分數	
				分值	考核得分
1	嚴格按出入庫程序辦理物資出入庫手續，按要求完成出入庫工作	物資出入庫差錯率			
2	對在庫物資進行全面管理，並根據物資的物理、化學特性區分擺放、標識清晰、倉容整潔、定期盤存	物資定置合格率			
		物資完好率			
3	負責倉庫入庫單、出庫單、驗收單等原始資料的收取、填制和傳遞	單據傳遞及時率			
4	落實安全防範措施，做好倉庫防盜、防火、防爆等日常管理工作	重大安全事故發生率			
		一般安全事故發生率			
5	根據安排，定期盤查物資狀態，並採取相應的保養措施，避免損失	物資倉儲損失金額			

2.工作能力

考核項目	考核內容	分值	考核得分		
			自評	考核人	考核得分
執行能力	是否能夠按照計畫嚴格執行，並確保每個細節上減少差錯，實現預定目標				
學習能力	是否善於學習，在短時間內，將不懂的技術知識弄懂，並應用於倉儲管理工作中				

續表

3.工作態度

考核項目	考核內容	分值	考核得分		
			自評	考核人	考核得分
工作責任心	是否對於工作中的失誤或過失，不迴避，能夠承擔責任				
工作主動性	工作是否積極主動，把工作看做是對能力的挑戰，並有很好的工作業績				

請把您認為合適的分數填寫在相應方格內，如塗改，請塗改者在塗改處簽字，評後準時送交人力資源部。

被考核者(自評人)簽名：　　　　　　直接上級簽名：

（三）績效考核細則

倉庫管理員績效考核細則

考核細則	倉庫管理員績效考核細則		受控狀態	
			編　號	
執行部門		監督部門	考證部門	

    1.倉庫管理員的考核由各倉庫的倉儲主管負責，公司人力資源部提供指導，倉儲經理負責初步審核，公司績效考核委員會負責早訴的受理與裁決。

    2.每月初(10日前)將考核結果予以公佈，考核結果作為倉庫管理員工作業績評價、崗位調整、工資調配的主要依據。

    3.倉庫管理員如果連續三個月得分為最後一名，且有一次不合格的，將作為每年崗位調整、裁員的對象。

    4.倉庫管理員具體的考核辦法具體請參考下表。

續表

考核內容	規定事項	獎罰規定
	倉庫管理員考核內容及評分標準表	
規章制度	(1)違反公司級制度	每次扣 10 分，被公司通報批評者扣 15 分
	(2)違反倉儲作業制度	每次扣 5 分
出勤管理	(1)遲到、早退	一次扣 1 分
	(2)曠工（含遲到超過 1 小時）	一次扣 2 分
	(3)未經請示擅離崗位，致使物資收發、生產或銷售受影響者	一次扣 2 分
倉庫現場管理	(1)物資存放混亂、不整齊	每處扣 1 分
	(2)消防通道不暢	每發現一處扣 2 分
	(3)標識不清，物資丟失、錯放	每項扣 1 分
	(4)物資沒有按區分類存放	每次扣 1 分
	(5)物資賬、物、卡數量不符，且查不出原因	每項扣 1 分
	(6)庫存卡記錄不連續，字跡不清晰	每發現一次扣 1 分
	(7)上級做基礎管理檢查時，有不符項目	每發現一項扣 3 分
庫存優化管理	(1)沒按規定做好物資防護工作	每發現一次扣 1 分
	(2)對呆滯、質差物資不及時上報處理	一次扣 2 分
	(3)不按「先進先出」原則發放物資	每發現一次扣 1 分
	(4)提出合理化建議並被採納	一次獎 3 分
	(5)消除不安全隱患，避免安全事故發生	一次獎 3 分
物料管理	(1)合格物料不及時退回供應商者，或有不合格成品不及時通知生產部門	一次扣 2 分
	(2)按規定接收物料，導致庫存呆滯	一次扣 2 分
	(3)不合格物料和標有「不合格」或「未檢」標識的物料發到生產現場	每發現一次或每被投訴一次扣 2 分

續表

6. 服務 品質 管理	(1)服務差，受工廠、銷售部投訴屬實	每被投訴一次扣2分
	(2)按時發放物料或錯發物料致使工廠生產受影響或影響公司信譽的	將當月標準分降為及格分，每發現一次另加扣3分
	(3)行遙控發放物料	一次扣2分
	(4)發物料，尚未對生產造成影響	一次扣1分
	(5)收物料兩小時內不報檢致使生產受到影響	一次扣2分
	(6)按作業流程要求操作，造成安全事故	一次扣3分並承擔相應責任

5. 其他應計入考核成績的事項

(1)庫管理員有下列情況之一，根據其事由、動機、影響程度給予嘉獎、晉升或其他獎勵，並記入考核成績。

①對本企業管理上有好的建議，經採用並獲得顯著績效者。

②遇有特殊危急事故，冒險搶救保全本企業重大利益、他人生命者。

③能防患於未然，使公司免受重大損失者。

(2)庫管理員有下列行為之一，視其情節輕重程度，給予口頭警告、記過、降級等處罰，並記入考核成績。

①行為不檢、屢教不改或破壞紀律，情節嚴重者。

②覺察到對本企業的重大危害，徇私隱匿不報，因而貽誤時機導致本企業蒙受損失者。

③對可預見的災害疏於覺察或臨時急救措施失當，導致本企業遭受不必要的損失者。

(3)下列情形之一的倉庫管理員，考核成績不能列為優秀。

①遲到、早退時間累計達_____分鐘及以上者。

②請假超過規定日數者。

③曠工達日及以上者。

④曾受過一次懲罰或懲處者。

編制日期		審核日期		批准日期	
修改標記		修改處數		修改日期	

第 *12* 章

設計包裝人員績效考核方案

一、設計包裝部門關鍵績效考核指標設計

1. 設計部關鍵績效考核指標

序號	KPI 關鍵指標	考核週期	指標定義/公式
1	設計完成項目設計方案總數	季/年	考核期內已經通過審核的設計方案總數
2	人均圖紙產量	季/年	$\dfrac{交付圖紙數量}{當期平均人數} \times 100\%$
3	設計方案一次性通過率	季/年	$\dfrac{一次性通過方案數量}{提交審核的設計方案總量} \times 100\%$
4	項目設計完成率	季/年	$\dfrac{按時設計完成項目數量}{同期設計項目總數} \times 100\%$
5	設計製作出錯率	季/年	$\dfrac{設計製作規範頁數}{製作總頁數} \times 100\%$

續表

6	設計資料完整率	季/年	$\dfrac{\text{已具備的設備資料數}}{\text{應具備的設計資料數}} \times 100\%$
7	客戶滿意度	季/年	接受隨機調研的客戶對設計水準滿意度評分的算術平均值

2.包裝部關鍵績效考核指標

序號	KPI 關鍵指標	考核週期	指標定義/公式
1	包裝設計方案一次性通過率	月/季/年	$\dfrac{\text{一次性通過方案數量}}{\text{提交審核的設計方案總量}} \times 100\%$
2	包裝生產計劃完成率	月/季/年	$\dfrac{\text{已入庫總數}}{\text{包裝生產計劃總數}} \times 100\%$
3	包裝品合格率	月/季/年	$\dfrac{\text{包裝合格數量}}{\text{同期包裝產品總數量}} \times 100\%$
4	包裝材料改進目標達成率	月/季/年	$\dfrac{\text{包裝材料改進目標實現數}}{\text{包裝材料改進目標計劃數}} \times 100\%$
5	準時交貨率	月/季/年	$\dfrac{\text{按包裝標準交期完成的訂單數量}}{\text{同期訂單總數量}} \times 100\%$
6	包裝成本降低率	月/季/年	$\dfrac{\text{包裝成本降低額}}{\text{包裝成本預算額}} \times 100\%$
7	工時標準達成率	月/季/年	$\dfrac{\text{標準工時}}{\text{實際工時}} \times 100\%$
8	包裝水準客戶滿意度	月/季/年	接受隨機調研的客戶對包裝水準滿意度評分的算術平均值

二、設計包裝人員績效考核指標量表設計

1. 設計部經理績效考核指標量表

序號	KPI 關鍵指標	權重	目標值
1	完成項目設計方案總數	15%	考核期內完成項目設計方案的總數在___項以上
2	人均圖紙產量	10%	考核期內人均圖紙產量保證在___張
3	設計方案一次性通過率	15%	考核期內設計方案一次性通過率在___%以上
4	項目設計完成率	15%	考核期內項目設計完成率達到___%以上
5	設計製作出錯率	10%	考核期內累計不超過___%
6	客戶滿意率	15%	考核期內客戶滿意度達到___分以上
7	設計費用控制	10%	考核期內設計費用控制在預算範圍之內
8	核心員工保有率	5%	考核期內核心員工保有率在___%以上
9	員工管理	5%	考核期內部門員工績效考核平均得分在___分以上

2.包裝部經理績效考核指標量表

序號	KPI 關鍵指標	權重	目標值
1	包裝設計方案一次性通過率	10%	考核期內包裝設計方案一次性通過率達___%以上
2	包裝生產計劃完成率	15%	考核期內包裝生產計劃完成率達 100%
3	包裝品合格率	10%	考核期內包裝品合格率達到 100%
4	包裝材料改進目標達成率	10%	考核期內包裝材料改進目標達成率在___%以上
5	包裝生產線效率提升率	10%	考核期內包裝生產線效率提升率達___%以上
6	包裝流程改進目標達成率	5%	考核期內包裝流程改進目標達成率在___%以上
7	準時交貨率	10%	考核期內準時交貨率達 100%
8	包裝水準客戶滿意率	10%	考核期內包裝水準客戶滿意率在___%以上
9	包裝成本降低率	10%	考核期內包裝成本降低率在___%以上
10	部門管理費用控制	5%	考核期內部門管理費用控制在預算範圍之內
11	員工管理	5%	考核期內部門員工績效考核平均得分在___分以上

3.設計主管績效考核指標量表

序號	KPI 關鍵指標	權重	目標值
1	完成項目設計方案總數	15%	考核期內完成項目設計方案的總數在 ___項以上
2	人均圖紙產量	10%	考核期內人均圖紙產量在___張以上
3	設計方案一次性通過率	15%	考核期內設計方案一次性通過率在___%以上
4	設計方案提交及時率	15%	考核期內設計方案提交及時率達___%
5	項目設計完成率	15%	考核期內項目設計完成率達到___%以上
6	設計製作出錯率	10%	考核期內設計製作出錯率在___%以下
7	設計資料完整率	10%	考核期內設計資料完整率達___%
8	客戶滿意率	10%	考核期內客戶滿意率達到___%以上

4.包裝主管績效考核指標量表

序號	KPI 關鍵指標	權重	目標值
1	包裝設計方案一次性通過率	10%	考核期內包裝設計方案一次性通過率達___%以上
2	包裝生產任務完成率	15%	考核期內包裝生產任務完成率達100%
3	包裝材料改進目標達成率	10%	考核期內包裝材料改進目標達成率在 ___%以上
4	工時標準達成率	10%	考核期內工時標準達成率在___%以上
5	包裝生產線效率提升率	10%	考核期內包裝生產線效率提升率達 ___%以上
6	準時交貨率	10%	考核期內準時交貨率達100%

續表

7	包裝品合格率	10%	考核期內包裝品合格率達到 100%
8	包裝設備完好率	5%	考核期內包裝設備完好率在___%以上
9	包裝水準客戶滿意率	10%	考核期內包裝水準客戶滿意率在___%以上
10	包裝檔案資料完好率	5%	考核期內包裝檔案資料完好率在___%以上
11	員工培訓計劃完成率	5%	考核期內員工培訓計劃完成率在___%以上

三、設計人員績效考核方案

（一）總則

①通過對設計人員考核，獎優罰劣，起到促進設計人員改進工作績效的目的。

②績效考核為員工職務變動提供依據，對素質和能力不能勝任工作的人員，予以及時調整。

③為年終獎的發放提供依據。

（二）考核內容

主要以設計人員的工作業績、工作能力、個人素質以及綜合表現為考核內容，如下表所示。

設計人員考核內容

考核內容	內容說明/考核指標範例	
個人素質	紀律性、合作性、工作態度、品德言行等	
工作能力	計劃能力、執行力、工作潛力	
工作業績	該崗位的具體工作業績考核指標	如設計差錯率、設計製作出錯率、平均設計週期等
綜合表現	出勤率、顧客滿意度、日常行為規範扣分情況、工作態度等	

（三）考核方法

①考核人在日常管理中應注意績效的追蹤與管理，應做好持續的績效溝通和對工作表現的記錄。

②考核人使用「員工績效考評表」、「日常行為規範打分表」、「員工綜合表現分」等對被考核設計人員的各個指標做出評價、打分，最後匯總計算總分。公式如下：

總分=員工績效考評表上的分數+0.5×員工綜合表現分數

③設計人員月考核分數要按一定比例計人年考核結果分數中，年考核分數計算公式如下：

年考核分數＝各月考核分數之和÷12

（四）考核程序

(A)員工自評

按照「員工自我評價表」，設計人員根據分工不同選擇適當的內容進行自我評估。

(B)設計部直接主管複評

設計人員直接主管對其工作表現進行複評。

(C)間接主管覆核

間接主管(高於被考核員工兩級)對考核結果評估,並最後認定。

(五) 績效考核結果的應用

(A)進行等級劃分

對績效考核結果進行等級劃分,具體劃分結果如下表所示。

績效結果等級	優秀	良好	一般	合格	不合格
績效總分	90分以上	80～89分	70～79分	60～69分	60分以下

(B)備案

考評表在填寫完畢之後,匯總各週期考核分數表一併上交部門,將《績效考評匯總表》報人力資源部備案。

(C)績效獎勵

1.將績效考核結果作為培訓的依據

對於連續三個月績效考核結果等級為優秀的設計人員,給予萬元的培訓基金。

2.在進行人員調動、晉升時,參考績效考核的結果

①連續六個月為良好的設計人員與連續三個月為合格的設計人員徵求上級意見對其進行崗位調配。

②連續六個月評為優秀的設計人員優先晉升為部門主管,基本薪資上調＿＿元。

3.年考核作為年終獎的重要依據

年終獎發放以年考核分數為標準。

①年考核分數在 90 分以上的,年終獎發放＿＿元。

②年考核分數在 80-89 分的,年終獎發放＿＿元。

③年考核分數在 70-79 分的，年終獎發放＿＿元。

④年考核分數在 60-69 分的，年終獎發放＿＿元。

⑤年考核分數在 60 分以下的，根據上級主管討論決定年終獎發放額度，但最高額度不得高於年考核分數在 60-69 分的設計人員的獎金額。

（六）績效回饋

當設計人員自評分數與部門經理評價分數出現等級上的差別，設計部經理應在考核後三日內與該員工進行面談，並完成「績效面談表」，如有必要，可另外附具體的事實說明，作為考核結果的補充材料。

設計部經理通過與設計人員績效面談的結果，找出設計人員在工作中存在的問題並進行討論、分析，與設計人員制定有效的解決措施，並編寫績效改進計劃，明確計劃的時間、內容。在下一考核期進行工作改進，並作為下期績效考核評比中的一部份。

四、包裝人員績效考核方案

（一）目的

①改善員工工作表現，提高包裝品質，加強和提升員工績效和公司績效，合理配置崗位和人員，促進經營目標的完成。

②為確定員工薪資、獎懲、崗位變動、升降、教育培訓、解聘等重要的人事管理工作提供公正、客觀的依據，特制定本方案。

（二）績效考核原則

(A)階段性和連續性相結合的原則

對員工各個考核週期的評價指標數據要綜合分析，以求得出全面和準確的結論。

(B)定性與定量相結合的原則

選擇定性指標與定量指標對人員進行多方面考核，綜合評價。

(C)公平與客觀相結合原則

公平、客觀地對被考核者進行績效評估，做到對參加人員的考核評估一視同仁。

(D)溝通與回饋相結合原則

考核評價結束後，人事部或包裝部經理應及時與被考核者進行溝通，將考評結果告知被考核者。

（三）績效考核組織

①公司成立考核小組，對部門進行考核。考核小組由總經理或其授權人、包裝部直屬上級主管和人事部組成。考評結果由人事部負責匯總，人力資源部根據考評結果核定部門績效。

②包裝部經理負責本部門員工的考核工作，於 30 日前將考核結果報人事部備案。

（四）績效考核內容及評分辦法

(A)部門績效考核

以公司下達的月計劃和部門職責為考核內容，月終由部門經理向考核小組彙報，考核小組根據部門工作目標完成情況評定考核結果。

(B)包裝人員績效考核

包裝人員考核評分以百分制來計算,由包裝部經理根據其崗位特點選擇績效考核指標,如下表所示。

包裝人員績效考核指標

考核內容	權重分配		考核指標	資料來源
工作態度	35 分	40%	責 任 感	工作態度量表評定
		30%	主 動 性	
		30%	合 作 性	
工作能力	20 分	50%	組織能力	工作能力量表評定
		50%	表達能力	
工作業績	45 分	35%	月包裝數量	包裝記錄
		30%	包裝廢品率	
		35%	每小時包裝數量	

「工作能力量表」與「工作態度量表」見附則。

（五） 績效考核實施

①包裝部經理根據工作計劃,發出員工考核通知,說明考核目的、對象以及考核進度安排。

②被考核人準備自我總結,其他有關的各級主管、下級員工準備考評意見。

③各考評人的意見、評語匯總到人事部。

④人事部通過匯總計算,結合包裝人員在考核期內的出勤、考核情況,計算最終考核得分,如下表所示。

員工出勤、獎懲考績加扣分標準

出勤、 考核情況	曠工 1 日	事假 1 日	病假 1 日	遲到、早退	處罰 1 次	嘉獎 1 次
得分標準	扣 10 分	扣 1 分	扣 0.5 分	每次扣 0.5 分	扣 5 分	加 5 分

備註：事假累計超過 10 天，則每天扣 2 分

（六）績效考核應用

包裝人員採用百分制考核方法。包裝部經理根據公司規定的比例來劃分制定包裝人員等級，等級說明如下。

考核評價	特別優秀	優 秀	合 格	基本合格	急需提高	不合格
等 級	A	B	C	D	E	F
人員考核 得 分	90 分以上	80～89 分	70～79 分	60～69 分	50～59 分	49 分以下
人員比例	10%	15%	50%	20%	5%	1%～5%

(A)員工獎勵

①月考核為「特別優秀」與「優秀」分別獎勵 500 元與 200 元。

②年綜合考核為「優秀」且無「不合格」記錄者，晉一級。

③職位在五等以下員工，連續五年年綜合考核為「優秀」者，晉級一等。

(B)員工懲罰

①連續三個月考核「不合格」者，解除工作合約。

②年綜合考核為「不合格」者，予以降級、降薪或解除工作合約。

③季內被評定為 E 等的員工，不享受公司的提薪待遇。

（七）附則

此方案自××××年××月××日起執行。

員工能力量表

考核要素	考核等級與評價標準		評估者			
			下級	同事	自評	領導
語言表達能力	優秀—4分	語言清晰、幽默，具有出色的表達話技巧				
	良—3分	能有效地與他人進行交流和溝通，並有一定的說服能力				
	好—2分	掌握一定的說話技巧，自己的意見或建議能得到他人的認可				
	一般—1分	能較清晰流利地表達自己的觀點或意見，但表達得過於刻板、生硬				
	差—0分	語言含糊不清，不能清楚地表達自己的意思				
組織協調能力	優秀—4分	能合理、有效地安排和協調週圍的資源，並得到他人的信任與尊重				
	良—3分	能很好地安排和協調週圍的資源，較好地領導他人有效地展開工作				
	好—2分	能進行複雜任務的分配與協調並取得他人對自己工作上的支持和配合				
	一般—1分	能對一線生產工人進行簡單的任務分配和協調				
	差—0分	工作雜亂無章，與下屬不能進行很好的協作				

員工態度量表

考核要素	考核等級與評價標準		評估者			
			下級	同事	自評	領導
責任感	優秀－4 分	對他人起到榜樣的作用				
	良－3 分	工作中能主動承擔責任且積極尋求解決問題的辦法				
	好－2 分	工作中能主動承擔責任				
	一般－1 分	滿足於能基本完成工作任務。當工作出現失誤時，能意識到自己的錯誤				
	差－0 分	工作敷衍，當工作出現失誤時，極力地推卸責任				
主動性	優秀－4 分	除了做好自己的本職工作以外，還經常主動承擔分外的工作				
	良－3 分	能積極主動地完成自己的本職工作				
主動性	好－2 分	工作主動，能較好地完成自己的本職工作				
	一般－1 分	在別人的監督下能較好地完成工作				
	差－0 分	工作懈怠且工作業績不能達到工作標準				
合作性	優秀－4 分	能夠與他人一起積極有效地工作並共同完成本組織的工作目標				
	良－3 分	積極地與他人合作且樂於幫助同事解決問題				
	好－2 分	能主動地與他人合作				
	一般－1 分	在別人的協調下能與他人合作				
	差－0 分	缺乏合作精神				

第 *13* 章

出口貿易人員績效考核方案

一、出口貿易部門關鍵績效考核指標設計

1. 出口部關鍵績效考核指標

序號	KPI 關鍵指標	考核週期	指標定義/公式
1	出口量	月/季/年	考核期內出口商品的數量
2	出口任務達成率	月/季/年	$\dfrac{考核期內實際完成出口額}{考核期內計劃出口額} \times 100\%$
3	出口產品銷售收入	月/季/年	考核期內出口產品的銷售收入
4	出口回款及時率	月	$\dfrac{出口回款及時的次數}{出口回款總次數} \times 100\%$
5	交單率	年	在一個考核期內所領取的出口收匯核銷單(以下簡稱核銷單)中已交回存根份數與該考核期內所領取的核銷單份數減去已註銷份數(不含掛失份數)之比

續表

6	出口利潤率	年	$\dfrac{出口銷售收入-銷售成本-銷售銳金及附加}{出口銷售收入}\times100\%$
7	出口收匯率	年	在一個考核期內應當收匯核銷的出口額中已經收匯核銷的金額與該考核期內應當收匯核銷的出口額之比
8	客戶滿意度	年	接受調研的客戶對出口部服務滿意度評分的算術平均值

2.進口部關鍵績效考核指標

序號	KPI 關鍵指標	考核週期	指標定義/公式
1	進口計劃按時完成率	季/年	$\dfrac{實際完成進口額或數量}{計劃完成進口額或數量}\times100\%$
2	因貿易爭議處理不當造成的損失	季/年	考核期內因貿易爭議處理不當造成的損失金額
3	進口索賠事件發生次數	季/年	考核期內因進口品質原因發生索賠事件的次數
4	單位進口成本降低率	季/年	$\dfrac{單位進口成本降低額}{單位進口成本預算額}\times100\%$
5	進口供應商履約率	季/年	$\dfrac{供應商合約實際履約數}{供應商合約應履約總數}\times100\%$
6	供應商的滿意度	季/年	接受調研的供應商對進口部服務滿意度評分的算術平均值

3.單證部關鍵績效考核指標

序號	KPI 關鍵指標	考核週期	指標定義/公式
1	單證任務完成率	月/季/年	$\dfrac{實際完成單證辦理數量}{計劃完成單證辦理數量} \times 100\%$
2	單證辦理準確率	月	$\left(1 - \dfrac{本期單證辦理出錯總次數}{本期單證辦理總數} \times 100\%\right)$
3	單證製作及時率	月/季/年	單證製作在規定的時間內完成
4	訂單準時交貨率	月/季/年	$\dfrac{訂單準時交貨次數}{接受訂單總} \times 100\%$
5	訂單毛利率	月/季/年	$\dfrac{訂單金額－成本額}{訂單金額} \times 100\%$
6	退單率	月/季/年	某一時期內退單的數量同這一時期所有單證數量的比
7	客戶滿意度	月/季/年	接受調研的客戶對單證部服務滿意度評分的算術平均值

4.結算部關鍵績效考核指標

序號	KPI 關鍵指標	考核週期	指標定義/公式
1	結算業務數量	月/季/年	考核期內結算業務完成的數量
2	結算手續辦理的及時性	月/季/年	結算手續辦理的及時性以通過結算手續辦理發生延誤的次數來衡量
3	結算手續辦理出錯率	月/季/年	通過某一時期結算手續辦理出錯的次數同辦理的所有手續的比較來進行衡量

續表

4	內部協作滿意度	季/年	相關部門滿意度調查問卷得分的算術平均分數在___分以上
5	對賬差錯率	月/季/年	從某一時期內出現的對賬差錯的次數同總對賬次數的比較來衡量
6	結算檔案管理的規範性	月/季/年	結算檔案管理是否符合公司相關規定，根據檢查結果，每發現一次扣2分

二、出口貿易人員績效考核量表設計

1.出口部經理績效考核指標量表

序號	KPI 關鍵指標	權重	目標值
1	出口量	15%	考核期內出口商品總數量達到___（單位）
2	出口銷售收入	20%	考核期內出口商品總銷售收入達到___萬元
3	出口報關及時率	5%	考核期內出口報關及時率達___%以上
4	出口退稅辦理及時率	5%	考核期內出口退稅辦理及時率達100%
5	出口交單率	5%	考核期內交單率達___%以上
6	出口收匯率	5%	考核期內出口收匯率達___%以上
7	出口回款及時率	15%	考核期內出口回款及時率在___%以上
8	出口利潤率	15%	考核期內出口利潤率達___%以上
9	工作計劃按時完成率	5%	考核期內進口工作計劃按時、按量完成
10	部門管理費用控制	5%	考核期內部門管理費用控制在預算範圍內
11	員工管理	5%	考核期內員工績效考核評分達到分以上

2.進口部經理績效考核指標量表

序號	KPI 關鍵指標	權重	目標值
1	工作計劃按時完成率	15%	考核期內進口工作計劃按時、按量完成
2	進口任務完成的及時性	20%	考核期內所需進口的貨物在要求的時間內完成
3	進口貨物合格率	15%	考核期內進口貨物的合格率大於___%
4	單位進口成本降低率	15%	考核期內單位進口成本降低率在___%以上
5	部門管理費用控制	5%	考核期內部門管理費用控制在預算範圍之內
6	因貿易爭議處理不當造成的損失下降率	5%	考核期內損失下降率達___%
7	索賠完成率	5%	考核期內索賠完成率達___%
8	進口供應商履約率	5%	考核期內進口供應商履約率在___%以上
9	供應商滿意度	5%	考核期內滿意度評分在90分以上的供應商佔所有供應商的比例應大於___%
10	部門協作滿意度	5%	考核期內部門協作滿煮摩調杏達到___分以上
11	員工的管理	5%	考核期內部門員工出勤率達___%以上，無重大違紀事件

3.單證部經理績效考核指標量表

序號	KPI 關鍵指標	權重	目標值
1	單證任務達成率	20%	考核期內任務達成率達到 100%
2	單證製作及時率	10%	考核期內單證製作在規定的時間內完成，每延遲一次扣 2 分
3	單證辦理準確率	15%	考核期內單證辦理準確率達到 100%
4	單證數據準確率	5%	考核期內單證數據出現差錯次數在___次以下
5	訂單準時交貨率	10%	考核期內訂單準時交貨率在___%以上
6	退單率	10%	考核期內退單率控制在___%之內
7	訂單毛利率	10%	考核期內訂單毛利率達___%以上
8	部門管理費用控制	5%	考核期內部門管理費用控制在預算範圍之內
9	客戶滿意度	10%	考核期內接受調研的客戶對單證部服務滿意度評分的算術平均值達到___分以上
10	員工管理	5%	考核期內員工績效考核評分達到___分以上

4.結算部經理績效考核指標量表

序號	KPI 關鍵指標	權重	目標值
1	部門工作計劃完成率	20%	考核期內部門工作計劃完成率達 100%
2	部門費用預算達成率	10%	考核期內費用預算達成率達到___%
3	結算業務數量	15%	考核期內完成不少於___筆的業務數量
4	結算手續辦理的及時性	15%	考核期內結算手續辦理發生延誤的次數在___次以下
5	結算手續辦理出錯率	10%	考核期內結算手續辦理出錯率控制在___%之內

6	結算檔案管理的規範性	5%	結算檔案管理是否符合公司相關規定，根據檢查結果，每發現一次扣 2 分
7	員工任職資格達成率	5%	部門員工任職資格達成率在＿＿%以上
8	對賬差錯率	10%	考核期內對賬差錯率在＿＿%以下
9	部門協作滿意度	5%	相關部門滿意度調查問卷得分的算術平均分數在＿＿分以上
10	員工管理	5%	考核期內員工績效考核評分達到＿＿分以上

5.出口主管績效考核指標量表

序號	KPI 關鍵指標	權重	目標值
1	出口產品銷售收入	20%	考核期內出口產品的銷售收入達到＿＿萬元以上
2	出口報關及時率	10%	考核期內出口報關及時率達＿＿%以上
3	出口交單率	10%	考核期內交單率達＿＿%以上
4	出口退稅辦理及時率	10%	考核期內出口退稅辦理及時率達 100%
5	出口收匯率	10%	考核期內出口收匯率達＿＿%以上
6	出口回款及時率	15%	考核期內出口回款及時率在＿＿%以上
7	出口貨物回款及時完成率	15%	考核期內出口貨物回款及時完成率達 100%
8	客戶滿意度	5%	接受調研的客戶對出口部服務滿意度評分的算術平均值達到＿＿分以上
9	合約檔案歸檔率	5%	考核期內合約檔案歸檔率達 100%

6.進口主管績效考核指標量表

序號	KPI 關鍵指標	權重	目標值
1	進口貨物合格率	25%	考核期內進口貨物的合格率大於＿＿%
2	進口任務按時完成率	20%	考核期內進口任務按時完成率達 100%
3	單位進口成本降低率	10%	考核期內單位進口成本降低率在＿＿%以上
4	因貿易爭議處理不當造成的損失下降率	10%	考核期內損失下降率達＿＿%
5	進口索賠發生次數	10%	考核期內進口索賠發生次數在＿＿次以下
6	進口供應商履約率	10%	考核期內進口供應商履約率在＿＿%以上
7	供應商滿意度	10%	考核期內滿意度評分在 90 分以上的供應商佔所有供應商的比例應大於＿＿%
8	部門協作滿意度	5%	考核期內部門協作滿意度調查達到＿＿分以上

7.單證主管績效考核指標量表

序號	KPI 關鍵指標	權重	目標值
1	單證製作及時率	15%	考核期內單證製作及時率在＿＿%以上
2	單證數據準確率	15%	考核期內單證數據準確率達 100%
3	單證辦理準確率	20%	考核期內單證辦理準確率達 100%
4	單證審核任務達成率	10%	考核期內單證審核任務達成率達 100%
5	訂單準時交貨率	10%	老核期內訂單準時交貨率在＿＿%以上
6	訂單毛利率	10%	考核期內訂單毛利率達＿＿%以上
7	退單率	5%	考核期內退單率控制在＿＿%之內
8	客戶滿意度	10%	考核期內接受調研的客戶對單證部服務滿意度評分的算術平均值達到＿＿分以上
9	單證資料歸檔及時率	5%	考核期內單證資料歸檔及時率在＿＿%以上

8.船運主管績效考核指標量表

序號	KPI 關鍵指標	權重	目標值
1	訂船及時率	25%	考核期內訂船及時率在＿＿%以上
2	單證製作及時率	10%	考核期內單證製作及時率在＿＿%以上
3	報關及時率	10%	考核期內報關及時率達＿＿%以上
4	裝運單據準確性	15%	考核期內裝運單據填制錯誤次數在＿＿次以下
5	貨款單據辦理及時率	15%	考核期內貨款單據辦理及時率達100%
6	額外運費率	10%	考核期內額外運費率控制在＿＿%以下
7	部門協作滿意度	5%	考核期內相關部門滿意度調查問卷得分的算術平均分數達到＿＿分以上
8	客戶滿意度	5%	考核期內接受調研的客戶對船運部服務滿意度評分的算術平均值達到＿＿分以上
9	合約檔案歸檔率	5%	考核期內合約檔案歸檔率達100%

9.結算主管績效考核指標量表

序號	KPI 關鍵指標	權重	目標值
1	結算業務數量	20%	考核期內完成不少於＿＿筆的業務數量
2	結算任務達成率	15%	考核期內結算任務達成率達100%以上
3	結算手續辦理的及時性	15%	考核期內結算手續辦理發生延誤的次數在＿＿次以下
4	結算手續辦理出錯率	10%	考核期內結算手續辦理出錯率控制在＿＿%之內
5	對賬差錯率	15%	考核期內對賬差錯率控制在＿＿%之內
6	扣款差錯率	15%	考核期內扣款差錯率控制在＿＿%之內
7	內部協作滿意度	5%	考核期內相關部門滿意度調查問卷得分的算術平均分數在＿＿分以上
8	結算檔案歸檔及時率	5%	考核期內結算歸檔及時率在＿＿%以上

10.跟單員績效考核指標量表

序號	KPI 關鍵指標	權重	目標值
1	單證製作及時率	15%	考核期內單證製作及時率在＿＿%以上
2	單證辦理準確率	20%	考核期內單證辦理準確率達100%
3	單證數據準確率	20%	考核期內單證數據準確率達100%
4	訂單跟進及時性	10%	考核期內訂單跟進及時性領導滿意度評分達到＿＿分以上
5	訂單準時交貨率	10%	考核期內訂單準時交貨率在＿＿%以上
6	退單率	10%	考核期內退單率控制在＿＿%之內
7	訂單毛利率	5%	考核期內訂單毛利率達＿＿%以上
8	客戶滿意度	5%	考核期內接受調研的客戶對單證部服務滿意度評分的算術平均值達到＿＿分以上
9	單證資料歸檔及時率	5%	考核期內單證資料歸檔及時率在＿＿%以上

11.報關員績效考核指標量表

序號	KPI 關鍵指標	權重	目標值
1	貨物通關手續辦理及時性	10%	考核期內按時完成貨物的通關手續，因通關手續不全導致貨物無法按時發出的次數為0
2	貨物批文報批一次性通過率	20%	考核期內貨物批文報批一次性通過率達＿＿%以上
3	報關任務完成率	15%	考核期內報關任務完成率達100%以上
4	因報關材料不全而導致交易擱淺或取消的次數	15%	考核期內因報關材料不全而導致交易擱淺次數不超過二次，導致交易取消次數為0

5	出口貨物商檢工作差錯率	15%	考核期內配合出口貨物商檢部門的工作出現差錯的次數在___次以下
6	出口通關手續平均時間下降率	10%	考核期內平均時間下降率在___%以上
7	合約核銷工作及時完成率	10%	考核期內合約核銷工作及時完成率達100%
8	部門協作滿意度	5%	考核期內相關部門滿意度調查問卷得分的算術平均值在___分以上

12.結算員績效考核指標量表

序號	KPI關鍵指標	權重	目標值
1	結算業務數量	15%	考核期內完成不少於___筆的業務數量
2	結算任務達成率	10%	考核期內結算任務達成率達100%以上
3	結算手續辦理的及時性	10%	考核期內結算手續辦理發生延誤的次數在___次以下
4	結算手續辦理出錯率	10%	考核期內結算手續辦理出錯率控制在___%之內
5	結算數據錄入的差錯率	15%	考核期內結算數據錄入差錯率控制在___%之內
6	對賬差錯率	15%	考核期內對賬差錯率控制在___%之內
7	扣款差錯率	10%	考核期內扣款差錯率控制在___%之內
8	內部協作滿意度	10%	考核期內相關部門滿意度調查問卷得分的算術平均分數在___分以上
9	結算檔案歸檔及時率	5%	考核期內結算檔案歸檔及時率在___%以上

三、貿易業務人員績效考核方案

（一）總則

1.為激勵貿易業務人員的主動性，積極地爭創效益，確保公司生存和持續發展。

2.本方案適用於公司務部人員，包括業務部經理、主管、業務員、初級業務員、業務助理。

（二）業務部總體目標

1.強調重點行業和重點區域的覆蓋率與佔有率，實現公司的贏利目標，使公司運營進入良性循環。

2.簡化管理流程，做到管理流程透明化，強調真實有效的溝通，形成部門上層、區域、業務人員的分級把關、快速反應的管理體系。

3.以崗位考核為依據，以基本薪資考核其工作量，以業務量考核其工作業績。

4.提升現有產品競爭力，以性能價格比和新產品作為市場競爭的主要優勢。

5.形成新產品納入業務軌道的有效機制，使新產品儘快納入業務體系，成為利潤增長點。

6.業務部門目標明確，激發業務人員積極性，確立工作量和工作成果的考核標準，形成一隻有戰鬥力的業務隊伍。

7.加強團隊建設，建立業務和管理技巧的培訓和交流制度。每週定時召開業務彙報會，每月進行書面工作總結報告，每季進行業務交流會。

（三）考核原則

1. 以現金流作為考核依據。

2. 收益與業績緊密結合。

3. 實事求是，嚴肅、客觀。

（四）考核指標

考核指標實行層級考評，一級考評一級；部門經理對照考核標準對本部門員工進行考評。

業務部年綜合考核表

被考核部門簽名：　　　　考核人簽名：　　　　考核時間：

分類	序號	考核項目	指標	實際完成	完成率(%)	權重	得分	備註
財務業績指標	1	應收款/賒銷				5%		
	2	淨利潤				75%		
		小　計				80%		
內部管理指標	1	組織紀律性	1　2　3　4　5			5%		
	2	內部協作配合	1　2　3　4　5			5%		
	3	與其他部門的配合度	1　2　3　4　5			5%		
	4	內部員工滿意度	1　2　3　4　5			5%		
		小　計				20%		
		合　計				100%		
「雷區」考核		顧客投訴曝光	曝光一次，部門考核係數直接降為合格，一年內曝光三次以上或因顧客關係處理不當，引起衝突或對公司形象造成嚴重損害，部門考核係數為零。					

貿易業務經理(主管)季綜合考核表

業務___部　　被考核人簽名：　　　考核人簽名：　　　考核時間：

分類	序號	考核項目	指標	實際完成	完成率(%)	權重	得分	備註
財務業績指標	1	應收款/賒銷				5%		
	2	個人銷售淨利潤				10%		
	3	部門淨利潤				40%		
		小　計				55%		
行銷過程指標			評價尺度					
	1	銷售計劃與組織	1　2　3　4　5			5%		
	2	品牌傳播	1　2　3　4　5			5%		
	3	資訊管理/回饋	1　2　3　4　5			5%		
	4	遺留問題處理	1　2　3　4　5			5%		
	5	顧客滿意度	1　2　3　4　5			5%		
		小　計				25%		
內部管理指標	1	組織紀律性	1　2　3　4　5			5%		
	2	對下屬培訓/指導	1　2　3　4　5			5%		
	3	團隊協作配合	1　2　3　4　5			5%		
	4	員工滿意度	1　2　3　4　5			5%		
		小　計				20%		
		合　計				100%		
「雷區」考核		1. 壞賬損失	扣罰責任壞賬損失額的 30%（不可抗力除外）				當月扣罰	
		2. 顧客投訴曝光	曝光一次扣罰本季獎金額的 30%，一年內曝光三次以上或因顧客關係處理不當，引起衝突或對公司形象造成嚴重損害的，業務部經理將被免職。					

貿易業務員季綜合考核表

業務___部　　被考核人簽名：　　考核人簽名：　　考核時間：

分類	序號	考核項目	指標	實際完成	完成率(%)	權重	得分	備註
財務業績指標	1	銷售開單				10%		
	2	應收款/賒銷				5%		
	3	淨利潤				60%		
		小　計				75%		
行銷過程指標			評價尺度					
	1	銷售與傳播的組織與實施	2　4　6　8　10			5%		
	2	資訊管理與回饋	1　2　3　4　5			5%		
	3	顧客滿意度	2　4　6　8　10			5%		
		小　計				15%		
內部管理指標	1	組織紀律性	1　2　3　4　5			5%		
	2	團隊協作配合	1　2　3　4　5			5%		
		小　計				10%		
		合　計				100%		
「雷區」考核		1. 壞賬損失	扣罰責任壞賬損失額的10%（不可抗力除外）				當月扣罰	
		2. 顧客投訴曝光	曝光一次扣罰本季獎金額的20%，一年內曝光兩次以上或因顧客關係處理不當，引起衝突或對公司形象造成嚴重損害的，做分流處理。					

貿易業務助理季綜合考核表

業務___部　　被考核人簽名：　　考核人簽名：　　考核時間：

分類	序號	考核項目	指標	實際完成	完成率(%)	權重	得分	備註
財務業績指標	1	銷售開單				5%		
	2	應收款/賒銷				5%		
	3	淨 利 潤				20%		
		小　　計				30%		
行銷過程指標				評價尺度				
	1	資訊管理/回饋	2　4　6　8　10			10%		
	2	顧客滿意度	2　4　6　8　10			10%		
		小　　計				20%		
內部管理指標	1	與業務員配合度	4　8　12　16　20			15%		
	2	組織紀律性	2　4　6　8　10			15%		
	3	團隊協作配合	2　4　6　8　10			10%		
	4	內部員工滿意度	2　4　6　8　10			10%		
		小　　計				50%		
合　　計						100%		
「雷區」考核		1.壞賬損失	扣罰責任壞賬損失額的 5%（不可抗力除外）				當月扣罰	
		2.顧客投訴曝光	曝光一次扣罰本季獎金額的10%，一年內曝光兩次以上或因顧客關係處理不當，引起衝突或對公司形象造成嚴重損害的，做分流處理。					

評分等級定義表

考核得分	91～100分	81～90分	71～80分	61～70分	60分以下
考核結果	優	良	中	基本合格	不合格
考核係數	1.3	1.1	1	0.8	0.4

（五）薪酬標準

1. 業務人員採用「固定薪資+浮動薪資+附加薪資」的薪酬體系。

2. 固定薪資將執行公司統一的薪酬管理制度，其中崗位薪資依據公司「薪資標準表」確定級次。公司新人先從業務助理做起，轉正後員工按初級業務員（主要負責公司指定客戶）、業務員（獨立開發業務）、業務主管（業績突出，能管理下屬業務員）、業務經理等劃定不同級次。具體結構，如下表所示。

貿易業務人員薪酬標準表

崗位 ＼ 職等	1級	2級	3級
業務助理	800元	900元	1000元
初級業務員	900元	1000元	1100元
業　務　員	1000元	1100元	/
業務主管	1100元	1200元	/
業務經理	1200元	1300元	/

3. 試用期薪資確定。員工入職時，均按試用期1級確定其薪資，如入職員工由相關行業（企業）轉來或業務能力突出者，經總經理核批後可在同職級內作相應調整。

4.轉正定級。員工轉正後一般按普通業務員 1 級予以定級。

5.獎金

⑴業務員獎金

業務獎金與員工每季的工作努力程度、工作結果相關，反映了員工在當前的崗位與技能水準上的績效產出。為保證員工的收入，先以每季的淨利潤為基數，以 15%的獎金比例發放該季的業務獎金，下一季分 3 個月發放，最後則將本年的業務淨利潤匯總，以(年淨利潤獎金比例-15%)發放員工的年業務獎金。具體計算辦法如下：

$$季業務獎金＝季業務淨利潤×15\%×季考核係數$$

分攤後：

$$月業務獎金＝季業務獎金×0.33$$

$$年業務獎金＝年業務利潤×(年獎金係數-15\%)×年考核係數$$

其中：

$$季業務淨利潤＝該季回收的業務款項－該季發生的所有成本$$

$$年度業務淨利潤＝\frac{該業務員年度回收}{業務款項}-\frac{該業務員年度發生}{的所有成本}$$

初級業務員年獎金比例表

單位：萬元

年業務淨利潤	0～10	11～20	21～30
初級業務員獎金比例	10%	20%	30%

業務員年獎金比例表

單位：萬元

年業務淨利潤	0～30	31～80	81 以上
業務員獎金比例	30%	40%	50%

業務員季/年考核係數定義

單位：萬元

考核結果	優	良	合格	不合格
季考核係數	1.2	1	0.8	0.5

(2)業務經理/業務主管獎金

業務經理/業務主管除享有其親自業務淨利潤的獎金外(下一季分3個月發放)，還將在年終對本部門的業務淨利潤享有獎金(獎金比例為2%)，以激勵其對部門內業務員的培養和業務額的擴大。具體計算如下：

季業務獎金＝季業務淨利潤×15%×季考核係數

分攤後：

月業務獎金=季業務獎金×0.33

年業務獎金=個人年業務利潤×(年獎金比例－15%)×年考核係數

　　　　　+部門年淨利潤×2%×年部門考核係數

其中：

季業務淨利潤＝該季回收的業務款項－該季發生的所有成本

年業務淨利潤＝該業務員年回收業務款項－該業務員年發生的所有成本

年部門淨利潤＝部門年回收業務款項－部門年發生的所有成本

業務經理(主管)年獎金比例表

單位：萬元

年業務淨利潤	0～30	31～80	81 RMB
業務經理獎金比例	35%	45%	60%

年考核係數定義

考核結果	優	良	合格	不合格
年考核係數	1.2	1	0.8	0.5

部門考核係數

考核結果	優	良	合格	不合格
年考核係數	1.2	1	0.8	0.5

(3)業務助理獎金

作為業務的配套者，將根據部門的總體淨利潤享有獎金(季獎金比例為 0.5%，年獎金比例為 0.25%)，具體如下。

季業務獎金＝季業務淨利潤×0.5%×季考核係數

分攤後：

月業務獎金＝季業務獎金×0.33

年業務獎金＝部門年淨利潤×0.25%×年個人考核係數×部門考核係數

年部門淨利潤＝部門年回收業務款項－部門年發生的所有成本

其中：

季業務淨利潤＝該季部門回收的業務款項－發生的所有成本

季/年考核係數定義

考核結果	優	良	基本合格	不合格
考核係數	1.2	1.0	0.8	0.5

(4)個人年獎金中，公司只發該年獎金的 80%，20%作為風險保證金留存在公司，在下一年分發。

⑸具體考核細則如下表所示。

業務系統考核細則

適用範圍：可參與獎金的業務人員。
考核時間：分季/年評審。
考核內容：從「品德」、「工作能力」、「工作表現」、「工作成績」四方面進行考評。

考核量化測評標準

考核內容	內容提要	具體表現的分值				自評	上級主管評定	業務經理評定
		很好	較好	一般	較差			
品德（20分）	忠於公司，維護公司利益	6分	5分	4分	3分			
	團結友愛、和睦相處，互相幫助	5分	4分	3分	2分			
	待人坦誠，謙虛有禮，誠實可靠	4分	3分	2分	1分			
	奉獻精神	5分	4分	3分	2分			
工作能力（30分）	責任感	4.5分	3.5分	3分	2分			
	理解能力	2.5分	2分	1.5分	1分			
	判斷能力	2.5分	2分	1.5分	1分			
	計劃性	3.5分	2.5分	2分	1分			
	知識面	2.5分	2分	1.5分	1分			
	公關能力	2.5分	2分	1.5分	1分			
	表達能力	2.5分	2分	1.5分	1分			
	處理問題	3.5分	2.5分	2分	1分			
	組織能力	3.5分	4分	3分	2分			
	協調溝通能力	2.5分	2分	1.5分	1分			

工作表現 (20分)	服從性	4.5分	4分	3分	2分			
	原則性	2.5分	2分	1.5分	1分			
	積極性	4分	3分	2分	1分			
	團隊合作	2.5分	2分	1.5分	1分			
	規章制度	6.5分	5.5分	4分	3分			
工作成績 (30分)	工作效率	8分	6-7分	4-5分	0-3分			
	工作品質	10分	8-9分	6-7分	0-5分			
	工作目標完成量	12分	10-11分	8-9分	0-7分			
標準總分值		100分						

（六）獎懲規定

年淨利潤達 100 萬或者三年淨利潤達 350 萬的優秀業務員，公司將給予股權獎勵，具體見相關規定。

1.獎勵(現金獎勵＋榮譽證書)

⑴季個人獎

季綜合排名第一名(綜合指標考核不低於 80 分)獎勵 1000 元；第二名(綜合指標考核不低於 70 分)800 元；第三名(綜合指標考核不低於 60 分)500 元。

⑵年個人獎

年綜合排名第一名獎勵 3000 元；第二名 2000 元；第三名 1000元。(第四季綜合評比與年綜合評比前三名如有重覆者則可重覆獎勵)

⑶最佳新人獎

截至該年時，轉正不超過一年的員工(包括未轉正員工)均作為評選對象。以在該年完成業務額的多少作為獲獎標準，獎項設 1 名。獎

勵金額為 1000 元。

(4)優秀團隊獎

該獎勵每年可進行一次。評比時間為每年的 2 月。參與人員為各業務部。評獎標準為上年各考核區域內的淨利潤。獎項設 2 名。獎勵金額，團隊 3000 元發展基金，獲獎團隊領導者可享受 30%，其餘部份由完成任務的個人平均分配。

(5)優秀領導者獎

對於年綜合評比前 2 名的團隊，其領導者可獲優秀領導者獎項，獎金 1000 元。

(6)積極管理獎

該獎勵每年進行一次。評比時間為每年的 2 月。參與人員為公司所有非業務類員工，評獎標準為上年員工為公司所做出的直接或間接貢獻。獎項設 2 名。獎勵金額為 1000 元。

2.懲罰

公司員工在業務經營和管理中必須嚴格執行審批制度，對有下列違規現象的將做出懲罰。

(1)私自收受傭金、回扣及他人財務，挪用公款、盜竊公司財務。

(2)自營業務當代理業務出口，自營業務委託他人出口。

(3)由個人原因造成應收款或庫存差錯，給公司造成嚴重損失的。

(4)洩露公司機密。

(5)私自投資開工廠經營出口業務。

(6)觸犯法律等行為。

以上情況一經發現，公司將取消其考核資格，並根據情節輕重和公司受到的損失大小及個人認識態度，將做以下處罰：辭退、按實賠償、交有關部門處理等。

第 14 章

客戶服務人員績效考核方案

一、客服部關鍵績效考核指標

1.客服部關鍵績效考核指標

序號	KPI 關鍵指標	考核週期	指標定義/公式
1	客戶服務資訊傳遞及時率	月	$\dfrac{標準時間內傳遞資訊次數}{需要向相關部門傳遞資訊總次數} \times 100\%$
2	客戶意見回饋及時率	月	$\dfrac{在標準時間內回饋客戶意見的次數}{總共需要回饋的次數} \times 100\%$
3	客戶回訪率	月	$\dfrac{實際回訪客戶數}{計劃回訪客戶數} \times 100\%$
4	大客戶回訪次數	月/季/年	考核期內大客戶回訪的總次數
5	客戶投訴解決速度	月	$\dfrac{月客戶投訴解決總時間}{月解決投訴總數} \times 100\%$

續表

6	客戶投訴解決滿意率	月	$\dfrac{客戶對解決結果滿意的投訴數額}{總投訴數量}\times100\%$
7	大客戶流失數	月/季/年	考核期內大客戶流失數量
8	客戶滿意度	月/季/年	接受調研的客戶對客服部工作滿意度評分的算術平均值
9	部門協作滿意度	月/季/年	對各業務部門之間的協作、配合程度通過發放「部門滿意度評分表」進行考核

2.呼叫中心關鍵績效考核指標

序號	KPI 關鍵指標	考核週期	指標定義/公式
1	呼叫中心業務計劃完成率	月/季/年	$\dfrac{業務計劃實際完成量}{業務計劃完成量}\times100\%$
2	呼叫中心服務流程改進目標完成率	月/季/年	$\dfrac{改進目標實際完成量}{改進目標計劃完成量}\times100\%$
3	呼叫數	月/季/年	指所有打入/打出中心的電話，包括受到阻塞的、中途放棄的和已經答覆的電話
4	轉接率	月/季/年	$\dfrac{轉接電話數}{全部接通電話數}\times100\%$
5	客戶調研計劃完成率	月/季/年	$\dfrac{客戶調研計劃實際完成量}{客戶調研計劃完成量}\times100\%$
6	服務費用預算控制率	月/季/年	$\dfrac{服務費用開支額}{服務費用預算額}\times100\%$
7	客戶滿意度	月/季/年	接受調研的客戶對客服部工作滿意度評分的算術平均值
8	呼叫放棄率	月/季/年	$\dfrac{放棄電話數}{全部接通電話數}\times100\%$

二、客戶服務人員績效考核量表設計

1. 客服部經理績效考核指標量表

序號	KPI 關鍵指標	權重	目標值
1	客服工作計劃完成率	15%	考核期內客服工作計劃完成率在___%以上
2	客戶服務資訊傳遞及時率	10%	考核期內在客戶服務中發現重要問題或由價值資訊的及時傳遞率達___%以上
3	客服流程改進目標達成率	10%	考核期內客服流程改進目標達成率在___%以上
4	客戶意見回饋及時率	10%	考核期內對客戶意見在標準時間內的回饋率達___%以上
5	客服標準有效執行率	15%	考核期內客服標準有效執行率達___%
6	大客戶流失數	5%	考核期內因客戶服務原因造成大客戶流失數量在___以下
7	客服費用預算節省率	15%	考核期內客服費用預算節省率達___%
8	客戶滿意度	10%	考核期內客戶對客服滿意得分在___分以上
9	部門協作滿意度	5%	考核期內部門協作滿意度在___分以上
10	員工管理	5%	考核期內部門員工平均考核成績在___分以上

2. 呼叫中心經理績效考核指標量表

序號	KPI 關鍵指標	權重	目標值
1	呼叫中心業務計劃完成率	15%	考核期內呼叫中心業務計劃完成率達100%
2	客戶調研計劃完成率	10%	考核期內客戶調研計劃完成率在___%以上
3	呼叫中心服務流程改進目標完成率	15%	考核期內服務流程改進目標完成率在___%以上
4	呼叫業務量	10%	考核期內呼叫業務量在___次以上
5	客戶意見回饋及時率	10%	考核期內對客戶意見在標準時間內的回饋率達___%以上
6	一次性解決問題的呼叫率	10%	考核期內一次性解決問題的呼叫率達___%以上
7	服務費用預算控制率	10%	考核期內服務費用預算控制率在___%以內
8	客戶滿意率	10%	考核期內呼叫中心客戶滿意率在___%以上
9	部門協作滿意度	5%	考核期內部門協作滿意度在___分以上
10	員工管理	5%	考核期內員工績效考核評分達到___分以上

3. 客服主管績效考核指標量表

序號	KPI 關鍵指標	權重	目標值
1	統一產品和服務行為模式的執行率	20%	考核期內統一產品和服務行為模式的執行率達到___%
2	客戶服務資訊傳遞及時率	15%	考核期內在客戶服務中發現重要問題或由價值資訊的及時傳遞率達到___%以上
3	客戶回訪率	10%	考核期內客戶回訪率達到___%以上
4	客戶意見回饋及時率	10%	考核期內對客戶意見在標準時間內的回饋率達到___%以內

續表

5	服務流程改進建議被採納次數	10%	考核期內服務流程改進建議被採納的次數在___次以上
6	客戶投訴解決速度	10%	考核期內客戶投訴解決速度達到___%以上
7	客戶投訴解決滿意率	10%	考核期內客戶投訴解決滿意率達到___次以上
8	大客戶流失數	5%	考核期內因客戶服務原因造成大客戶流失數量在___以下
9	客戶滿意度	5%	考核期內客戶對客服滿意度評分在___分以上
10	部門協作滿意度	5%	考核期內部門協作滿意度在___分以上

4.投訴主管績效考核指標量表

序號	KPI 關鍵指標	權重	目標值
1	客戶回訪率	15%	考核期內客戶回訪率達到___%以上
2	客戶意見回饋及時率	15%	考核期內對客戶意見在標準時間內的回饋率達___%
3	投訴受理及時率	15%	考核期內客戶投訴受理及時率達到___%以上
4	客戶投訴中發現重要品質問題的及時傳遞率	10%	考核期內客戶投訴中發現重要品質問題的及時傳遞率達到 100%以上
5	客戶投訴解決速度	15%	考核期內客戶投訴解決速度評分達到___分以上
6	客戶投訴解決滿意率	15%	考核期內客戶投訴解決滿意率達到___%以上
7	統一產品和服務行為模式的執行率	10%	考核期內統一產品和服務行為模式的執行率達到___%以上
8	部門協作滿意度	5%	考核期內部門協作滿意度在___分以上

5.呼叫中心主管績效考核指標量表

序號	KPI 關鍵指標	權重	目標值
1	呼叫中心排班準確率	25%	考核期內呼叫中心排班準確率在___%
2	呼叫中心培訓計劃完成率	10%	考核期內呼叫中心培訓計劃完成率在___%之上
3	呼叫業務量	15%	考核期內呼叫業務量在___次以上
4	接通率	15%	考核期內在___秒內接通率達___%以上
5	呼叫轉接率	10%	考核期內呼叫轉接率控制在___%之內
6	一次性解決問題的呼叫率	10%	考核期內一次性解決問題的呼叫率達___%以上
7	服務流程改進建議被採納次數	5%	考核期內服務流程改進建議被採納的次數在___次以上
8	呼叫放棄率	5%	考核期內呼叫放棄率控制在___%之內
9	部門協作滿意度	5%	考核期內部門協作滿意度在___分以上

6.呼叫中心座席員績效考核指標量表

序號	KPI 關鍵指標	權重	目標值
1	每小時呼叫次數	15%	考核期內座席員每小時呼叫次數達到___次
2	實際工作率	20%	考核期內實際工作率達到___%
3	應答時限	10%	考核期內座席員應答時限控制在___秒之內
4	事後處理時間	10%	考核期內座席員事後處理時間不超過___秒
5	已複電話百分比	10%	考核期已複電話達___%以上
6	平均放棄時間	5%	考核期內呼叫者的平均放棄時間不超過___秒
7	服務水準	30%	考核期內服務水準得分達到___分以上

三、客戶服務人員績效考核方案

（一）目 的

①規範公司及各分部客戶服務部工作，明確工作範圍和工作重點。

②使總部對各分部客戶服務部工作進行合理掌控並明確考核依據。

③鼓勵先進，促進發展。

（二）範 圍

①適用範圍

公司各分部客戶服務部。

②發佈範圍

公司總部、各分部客戶服務部。

（三）考核週期

採取月考核為主的方法，對客戶服務人員當月的工作表現進行考核，考核實施時間為下月的 1～5 日，遇節假日順延。

（四）考核內容和指標

(A)考核的內容

1.服務類

電話回訪(回訪完成率、回訪真實度、不滿意投訴解決率)、諮詢電話(專業技能、接聽品質、投訴解決回覆率、顧客滿意度)、其他類

投訴（顧客投訴解決率、顧客滿意度）。

2.管理類

總部監控報表上交及時性、報表數據真實性、報表整體品質。

(B)考核指標數據來源

①分部上報。報表包括日報、月報、創新工作、新業務拓展、優秀事蹟和好人好事等。

②ERP 系統查詢。總部主要通過 ERP 系統查詢與核對。

③總部客戶服務部進行抽訪。

④其他通路，包括行政管理部、總部客戶服務部、總部值班電話、網上投訴等。

(C)考核指標

客戶服務人員績效考核表如下表所示。

客戶服務人員績效考核表

⑴專業技能、接聽品質（30%）

抽查每次不合格扣 2 分，扣完為止，性質嚴重的另行處罰。

⑵客戶投訴解決率（20%）

⑶回訪完成率（10%）

⑷回訪真實度（10%）

⑸客戶滿意度（10%）

⑹報表上交真實性（10%）

不真實的，每次扣 2 分，本項分值扣完為止，性質嚴重的另行處罰。

⑺審計、糾錯及行政通報等（10%）

從當月總分中扣處，每次扣罰 2～10 分，視問題性質由人力資源部會同客戶服務部經理討論決定，當月分值扣完為止。

收到顧客表揚信一次，加 1 分；被部門表揚一次，加 2 分；被公司表揚一次，加 3 分；被媒體表揚一次，加 5 分(需要分部提供文字材料)；被部門批評一次，扣 2 分；被公司批評一次，扣 3 分；被媒體批評一次，扣 5 分。 說明： ①電話抽查以總部客服抽查為主，原則上每週不低於一次。 ②回訪完成率為：每月實際回訪條數÷(200 條×實際在崗人數)×當月應出勤天數。	

（五）績效考核的實施

①考核分為自評、上級領導考核及小組考核三種，其中小組考核的成員主要是由與客戶服務人員工作聯繫較多的相關部門人員構成，三類考核主體所佔的權重及考核內容如下表所示。

②客戶服務人員考核實施標準如下表所示。

考核主體所佔的權重及考核內容表

考 核 者	權重	考核重點
上級領導	60%	工作績效、工作能力
小組考核	25%	工作協作性、服務性
被考核人本人	15%	考核重點

（六）考核結果的運用

①連續 3 個月(季)評比綜合排名前三名，分別獎勵 500 元、300 元、200 元，名次並列的同時獎勵。

②月考核評比綜合排名後三名，要求分部客戶服務部經理仔細分

析落後原因，針對落後原因，尋找改進措施，並在月工作通報下發後的 4 天，將整改方案報總部客戶服務部備案。

③總部將視情況對分部客戶服務部經理及主管進行提交改進意見書及以上的處罰。

④匯總月考核結果，進行年終優秀分部客戶服務部評比。

客戶服務人員考核實施標準

項　　目	數據來源	抽查途徑	標準答案
專業技能、接聽品質	電話抽查	公司抽查/其他途徑	按公司規定
回訪真實度	公司抽查	公司抽查/客戶投訴	100%回訪到位
回訪完成率	公司抽查	公司抽查	按公司規定
客戶投訴解決率	公司抽查	客戶投訴/公司抽查	100%解決並回覆
客戶服務資料的完整性	公司抽查	公司抽查	按公司規定
客戶滿意度	公司抽查	公司抽查/客戶投訴	按公司規定

四、呼叫中心服務品質考核實施方案

（一）目的

為提高呼叫中心服務品質，特制定本方案。

（二）考核指標制定原則

制定一套高效、公平、可操作性強的考核指標制度，對於呼叫中心客服人員意義重大，需要參照以下制定原則。

1. 考核標準制定重點考慮以下因素。

⑴客戶對於客服的服務水準期望。

⑵座席人員數量。

⑶在競爭的市場中提供比對手更優質的服務。

⑷處理因行銷活動產生的話務量。

⑸提高服務專員的工作水準。

⑹客服運營成本最小化、呼叫中心利潤最大化。

2.選擇對呼叫中心員工有意義的衡量項目，以便衡量員工績效。

3.選擇與客服目標相關的衡量項目。

4.考核指標應符合發展策略和本行業的特色。

5.考核指標標準要參照同行業標準，並符合銀行的實際，過高和過低都不可取。

6.重點考核可即時取得的資訊，對於即時的狀況做即時的反應與管理。

7.必須兼顧考察定性與定量兩種指標。

8.考核指標標準要兼顧服務品質和成本，兩者求得平衡。

（三）呼叫中心服務標準

通過上面的分析，採用以下閉環方式制定符合呼叫中心實際的服務標準。

呼叫中心服務標準圖

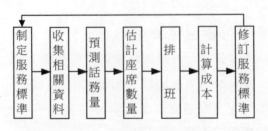

（四）呼叫中心指標設計與標準

1. 內部指標

呼叫中心內部指標與標準

座席工號	1001	1002	……	合計
應答呼叫(個)				
每小時呼叫數(次)				
平均交談時間(秒)				
合計交談時間(秒)				
平均通話時間(秒)				
平均持線時間(秒)				
合計通話時間(分)				
平均事後處理時間處(秒)				
實際工作效率(%)				

內部指標全部達到企業的規定為滿分，一項未達到扣 5 分。

內部指標是系統的「硬性」指標，如呼叫數、放棄率等，此類指標可由 PBX、CTI、業務系統報表直接獲得。對於內部指標，需要有完善的報表及時反應座席的工作情況和整個呼叫中心的運營狀況，以便及時調整。

2. 外部指標

外部指標是定性地測量呼叫者感覺的軟數據，表達了呼叫者的情緒和意見，需要重視外部指標軟指標的考核，具體可以從幾個方面來考量呼叫中心服務水準，可通過問卷調查或 CATI 等方式獲取對外部指標的看法。

外部指標

序號	指標設置		考核說明
1	客戶進入呼叫中心是否便利	排隊時長的感覺	在進行抽查或監聽中,每出現一項不合格項目,扣2分,並在考核總結中對該員工進行提示或安排培訓
		震鈴次數的感覺	
		持線等待時間的感覺	
		轉接次數的感覺	
2	呼叫者對於座席交談是否愉快	口齒是否清晰	
		回答電話的快慢	
		對呼叫者問題的理解	
		對呼叫者處境的關心	
		是否主動適時給出超出客戶需求的建議	
3	呼叫者對於座席回答感覺因素	回答準確	
		回答全面	
		回答公正	
		回答有幫助	

3.客戶滿意度指標

除了內部指標和外部指標外,客服要改善客戶服務態度,統一對外服務平臺,還需要在內部加強對客戶滿意度的調查和控制,設立品質稽核分析師崗位,對呼叫進行監聽或測聽,或者以客戶身份撥入,依據以下項目進行量化評分。

外部指標

序號	指標設置		考核說明
1	客戶導向	仔細傾聽來電	在進行抽查或監聽中，每出現一項不合格項目，扣2分，並在考核總結中對該員工進行提示或安排培訓
		瞭解談話內容	
		掌控談話過程	
		記錄問題	
		努力解決問題	
2	持續性	按照呼叫中心承諾服務	
		相同的服務水準	
		服務是可信賴的	
		服務每次都是一樣的	
		服務是可以預期得到的	
3	熱誠性	主動	
		友善	
		有說明	
		有足夠專業支持	
		能夠理解客戶處境	
4	方便性	快速應答電話	
		直接找到可以處理問題的人	
		無法處理馬上轉接	
		在停列等候時有提示資訊	
		無需再重述問題	

（五）考核的實施

1.對內部指標、外部指標、客戶滿意度指標分別打分。

2.內部指標、外部指標、客戶滿意度指標的權重分別為 30%、30%、40%。

3.計算、匯總呼叫中心客服人員的考核分數。

4.根據考核的結果針對呼叫中心出現比較多的問題安排相應的培訓。

心得欄 ------------------------------

第15章 行政部門績效考核方案

一、分析行政部門的工作，確定績效目標

　　企業行政部門的績效考核是以對行政部門的績效工作分析開始的。通過對行政部門績效工作的確認和分析，為確定行政部門的績效考核目標和績效考核指標提供前提。

　　一般來說，針對企業行政部門的工作分析是對行政部門內部各項工作系統分析的過程，這個過程包括遵循一系列事先確定的步驟。一般分為4個階段：準備階段、調查階段、分析階段和完成階段。這4個階段關係密切，相互聯繫。

二、確定行政部門的績效指標

　　企業設定績效指標進行績效管理有一個前提，就是在企業內部對績效指標的概念達成共識。由於績效考核所設定的績效指標會集中在

對一項工作來說最關鍵的一系列指標上，因此又可以稱是關鍵績效指標。

1.關鍵績效指標是用於評估和管理被評估者績效的定量化或行為化的標準體系。也就是說，關鍵績效指標是一個標準體系，它必須是定量化的，如果難以定量化，那麼也必須是行為化的。如果定量化和行為化這兩個特徵都無法滿足，那麼就不是符合要求的關鍵績效指標。

2.關鍵績效指標體現對組織目標有增值作用的績效指標。這就是說，關鍵績效指標是連接個體績效與組織目標的一個橋樑。關鍵績效指標是針對組織目標起到增值作用的工作產出而設定的指標，基於關鍵績效指標對績效進行管理，就可以保證真正對組織有貢獻的行為受到鼓勵。

3.通過在關鍵績效指標上達成的承諾，員工與管理人員就可以進行工作期望、工作表現和未來發展等方面的溝通。關鍵績效指標是進行績效溝通的基石，是組織中關於績效溝通的共同辭典。有了這樣一本辭典，管理人員和員工在溝通時就可以有共同的語言。

三、建立行政部門的績效指標體系

行政部門的績效指標體系是由企業對行政部門績效考核指標按照一定的權重分佈組成的，這些指標共同構成一個體系，同時每個績效指標又都具有自己的獨立性，一個績效指標只代表工作績效的某一側面。所以，績效指標體系反映了行政部門績效考核所要檢測的各個方面。它是進行績效考核工作的基礎。績效指標體系的結構反映績效考核的寬度和深度，只有各方面綜合起來，企業行政部門的績效考核

工作才是充分全面的。

　　績效指標體系體現了行政部門工作的基本要求，通過各組指標的組合，完整地體現企業對行政部門的要求和評價目的。績效指標體系也反映了人員品質檢測的投入產出關係，每項指標都是針對與企業存在相關利益的對象的投入和產出的比較。績效指標體系還鮮明地表現了各項指標之間的內在聯繫，能有效體現企業績效工作關係。

行政部門績效指標體系

序號	行政部門的績效工作	權重	績效指標	績效指標評定等級
1	擬定、檢查、監督和執行企業戰略諮詢、資訊支援、行政後勤、保衛工作管理制度。	12%	制度制定及時並執行	優秀：制度制定及時、合理、有效、執行有力。（10分） 良：制度制定及時並執行。（8分） 合格：制度制定有效。（6分） 差：不負責任的制定行為。（4分）
2	組織編制年、季、月企業戰略諮詢、資訊支援、行政後勤、保衛工作計劃。本著合理節約的原則，編制年、季、月後勤用款計劃，做好行政後勤決算工作，並組織計劃的實施和檢查。	10%	計劃完成及時，預算編制及時合理	優秀：預算合理，計劃制定及時有效，無浪費資金現象。（10分） 良：計劃完成及時，預算編制及時，合理。（8分） 合格：預算完成，計劃完成。（6分） 差：不負責任或投機性預算設置。（4分）

續表

3	管理和核算員工生活費用。建立健全員工生活費用成本核算制度，制定合理的生活費用標準，對盈虧超標準進行考核。	7%	支出合理、核算準確	優秀：支出合理，費用成本核算準確有效，能在保證員工良好生活的基礎上有所盈餘，無超標現象。（8分） 良：員工生活費用管理規範，費用標準合理，能控制超標。（6分） 合格；費用管理合理，核算及時準確。（4分） 差：不負責任或費用支出無控制，無計劃。（2分）
4	負責公司固定資產的購買、管理和維修。	10%	固定資產購買、管理、維修價格合理，性能達到要求	優秀：主動控制成本，確保所購物品性價比最優。（15分） 良：能夠保證購買、管理、維修固定資產的價格與性能指標達成。（13分） 合格：購買、管理和維修的固定資產性能達標。（10分） 差：有導致資源浪費或性能不適合的現象。（6分）
5	負責公司內部治安管理工作。	5%	公司無安全事故發生	優秀：公司治理整體環境優越，無犯罪行為，無安全事故。（5分） 良：公司無犯罪行為，治安事故發生率低。（4分） 合格：無犯罪行為，有一定數量的治安事故。（3分） 差：公司有犯罪行為，安全性能不穩定。（2分）

6	負責公司辦公用品的購買、管理和發放。	5%	辦公用品購置合理、發放及時，消耗率低	優秀：辦公用品購置合理，消耗控制低，無浪費現象。（5 分） 良：辦公用品購置合理，發放及時、消耗率低。（4 分） 合格：辦公用品購置合理。（3 分） 差：造成資源浪費。（1 分）
7	擬、收、發、存企業文件；做好企業會議準備與組織、做好會議紀要；保管企業印信，開具一切企業對外證明；加蓋公章。	10%	文件規範、保存完整；會議安排合理、進展順利；印信保管規範、使用規範	優秀：高效組織企業會議，企業文件、印信管理規範。（12 分） 良：會議安排合理，文件擬制、管理規範，印信管理、使用合理。（10 分） 合格：會議安排合理，文件、印信管理不出差錯。（8 分） 差：會議安排不合理，文件、印信管理不規範。（4 分）
8	管理公司圖書、磁片、非技術性光碟及相關資料。	5%	資料完整、保密程度高	優秀：資料管理合理，無缺損情況，無洩密情況。（10 分） 良：資料完整，保密度高。（8 分） 合格：無重要資料缺損現象，無洩密現象。（6 分） 差：無重大丟失，洩密事件。（4 分）

續表

9	做好企業相關法律服務，確保證照申辦、合約條款審查的合法有效，維護企業與政府的良好關係。	6%	保證企業行為合法、確保企業與政府的良好關係	優秀：企業所有行為沒有出現法律問題，企業能夠與政府部門建立並維護良好的關係。（6分） 良：企業行為合法、有效維護與政府部門關係。（5分） 合格：企業沒有出現法律問題，能有效建立與政府部門的關係。（4分） 差：企業行為引起法律糾紛，與政府關係一般。（3分）
10	管理公司的公共衛生。	5%	整體辦公環境清潔衛生美化	優秀：整體辦公環境清潔，美化程度明顯提高。（5分） 良：整體公辦環境清潔，美化程度高。（4分） 合格：辦公環境衛生穩定。（3分） 差：辦公環境沒有惡化。（2分）
11	負責電話、傳真的轉接及傳達。	5%	轉接、傳達效率高，無投訴案例	優秀：通訊等器材完好，利用率高，無投訴現象。（5分） 良：轉接、傳達效率高，無投訴現象。（4分） 合格：無投訴現象。（3分） 差：無重大失誤和損失。（1分）

續表

12	負責報刊、信件收發。	5%	報刊、信件收發及時	優秀：報刊、信件收發及時，無丟失，損壞案例。（5分） 良：報刊、信件收發及時。（4分） 合格：無投訴現象。（3分） 差：無故意毀壞，違法行為。（1分）
13	負責組織本部門人員的培訓教育工作。	5%	培訓有效	優秀：培訓次數多，品質好，員工業績明顯提高。（5分） 良：培訓有效，員工業績提高。（4分） 合格：培訓和員工業績穩定。（3分） 差：不負責任的培訓行為，員工業績下滑。（1分）
14	按時完成公司交辦的其他工作任務。	5%	任務完成	優秀：任務高品質完成，成績顯著。（10分） 良：任務完成及時，品質保障。（8分） 合格：任務按時完成。（6分） 差：任務完成並沒有給公司造成損失。（4分）
15	負責做好公司用水、用電的管理工作。	5%	水、電供應保障無誤，無水、電事故發生	優秀：水、電供應充足，無安全隱患，無事故現象。（5分） 良：水、電供應保障無誤，無事故現象。（4分） 合格：水、電供應保障，無重大事故現象。（3分） 差：水、電供應有效，無嚴重事故現象。（2分）

四、選擇行政部門績效考核的方法

一般來說，企業行政部門最適用的績效考核方法應該是等級評定法和目標管理法。

1.等級評定法

等級評定法是最容易操作和普遍應用的一種績效測評方法。這種方法的操作形式是先制定關於行政部門的具體的測評標準，在進行績效測評時，按已制定的有關各項測評標準來測評行政部門的業績和效益。同時，對行政部門的每一項又設立評分等級數，一般分為 5 個等級：最優的為 10 分，次之為 8 分，依次類推。最後把各項得分匯總，總評分越高，行政部門工作績效就越好。

當然，等級評定法不是完美無缺的，它在實踐過程中需要進行大量而繁重的績效考核工作，而且權數不易設置準確，在具體實施的過程中，較多的績效考核人員習慣於測評為較高的等級。因此，行政部門的績效考核結果一般會傾向為優秀。

2.目標管理法

目標管理法(MBO)是企業預先確定工作目標，根據工作目標來考核工作結果的一種方法，是一種以目標作為績效考核標準的方法。

在實行目標管理法時，確立目標的程序必須準確、嚴格，以達成目標管理項目的成功推行和完成；目標管理應該與預算計劃、績效考核、薪資、人力資源計劃和發展系統結合起來；要弄清績效與報酬的關係，找出這種關係之間的動力因素；要把明確的管理方式和程序與頻繁的回饋相聯繫；績效考核的效果大小取決於上層管理者在這方面所花費的努力程度，以及他對下層管理者在人際關係和溝通的技巧水

準。由於目標管理法是將企業目標通過層層分解下達到部門以及個人身上，有利於企業整體戰略的統一，有利於具體工作的執行，也有利於強化企業對行政部門及行政工作人員工作的監控與評價。

五、確定行政部門績效考核週期和人員

企業行政部門的績效考核需要確定合理的週期和時間才能夠發揮最佳效果，而選擇合適的考核人員同樣是保證考核順利進行的關鍵。行政部門的績效考核一般是一年或半年開展一次，每一週期績效考核應在下一週期開始後的前一個月完成。

行政部門的績效考核週期和人員的確定需要根據企業性質與選擇的績效考核方法的不同而有所不同。

對於行政部門內部工作人員的績效考核，行政部經理是極為關鍵的角色。行政部經理在績效管理實施的整個過程中都發揮著積極的作用，是績效管理工作不斷向前推進的推動者，也是最終能夠公正地進行績效考核的實踐者。在整個績效管理的過程中，只有行政部經理能夠和員工進行深入的，有針對性的溝通，也只有行政部經理能夠對員工的真實情況相對客觀地向上反映。

六、行政部門的績效溝通

績效管理是一個動態的、不斷檢討和持續改進的系統，行政部門的績效溝通過程必須在系統動態更新的過程中不斷確認和改進「人」與「情境」的融合度。在實踐中，績效溝通是績效指標的傳達過程，也是績效工作的培訓過程。有的企業在績效溝通過程中，採用的績效

培訓方式是一種很值得借鑑的有效績效溝通與輔導方式。

　　為了使組織的績效管理達到更高的效益,完善的績效溝通扮演了不可或缺的角色。通過行政部門與行政部門員工之間的績效溝通,一方面可使部屬對其績效表現好壞的原因及工作表現的優缺點有更清楚的認識;另一方面可提供一個良好的溝通機會,以瞭解員工工作所面臨的情況及部屬需要那些協助;同時,通過績效溝通過程的實施,以績效評估結果為基礎,由雙方共同規劃未來的工作計劃與績效目標,實現未來目標所承擔的責任和義務。

　　溝通應該貫穿在績效管理的整個過程中。行政部門的績效溝通不僅僅是年終的考核溝通,僅僅一次兩次的溝通是遠遠不夠的,也是違背績效管理原則的。

　　作為企業中的一個重要部門,行政部門的績效溝通必不可少,在行政部門的績效溝通過程中,行政部門處於主導地位,行政部門的績效溝通是整個行政部門績效管理的靈魂。

　　缺乏溝通和共識的績效管理肯定會在行政部門和部門內其他員工之間設置一些障礙,阻礙行政部門績效管理的良性循環,造成員工和經理之間認識的分歧,這種情況造成的結果只能是員工反對,經理逃避。行政部門與下屬之間通過有效的溝通,能及時地對下屬的工作進行指導,幫助下屬解決工作中遇到的困難和問題,這時,主管的角色發生轉變,由「考核者」變成下屬的「同事」和「夥伴」,其結果是雙方的共同進步。

七、行政部門的績效評估

績效評估是績效考核流程中的集體考核實施階段。績效評估的目標是推動行政部門各級工作人員不斷地提高自己崗位上的實際工作能力，推動行政部門整體工作績效和各工作崗位績效的不斷提高，以適應管理工作和企業整體發展的需要。它是企業推進管理工作規範、管理者職業化，從而提高工作績效的重要手段。

八、行政部門的績效評估結果落實

考核不是目的，企業應當特別注意考核結果的落實。考核結果的落實可以體現在以下幾個方面：

1.通過向行政部門回饋考核結果，幫助行政部門改進績效。

2.為行政部門的管理決策如任用、晉級、提薪、獎勵等提供依據，這時應妥善運用考核結果。

3.檢查公司管理各項政策，如公司在人員配置、員工培訓等方面是否有失誤，是否有效。

4.根據績效考核結果核發員工績效薪資，調整員工薪酬水準。

九、行政部門的績效改進

在整個績效管理體系中，績效考核的最終目的都是績效工作的改進，如果考核結果出來後，整個行政部門與具體行政崗位的工作和以前相比沒有任何變化，考核就沒有任何意義。

　　一般情況下，績效改進雖然列在績效考核流程的最後階段進行，但實際上由於績效考核是一個完整的、不斷循環的流程，所以行政部門的績效改進也是下一次績效考核的開始。因此，績效改進的理念也需要貫穿績效考核的全過程，例如，績效溝通與輔導其實質也同樣就是績效改進的一種形式。

　　具體到行政部門的績效改進，主要包括績效診斷和輔導兩個環節。

　　績效診斷就是行政部門管理者和績效考核負責人，利用績效考核結果幫助員工識別造成績效不足的原因或改進提高的機會，幫助員工尋求解決方法的過程。

　　績效輔導則是幫助員工提高知識和技能，克服績效障礙以提高績效的方式。

　　具體來說，行政部門的績效改進其實可以分為兩個部份，一是通過績效考核結果，幫助企業績效考核部門認識到下一階段的具體績效考核工作應該怎樣進行才能夠更有效、更直觀地反映具體行政崗位的績效；二是通過績效考核結果，幫助企業和員工認識到具體行政崗位的績效工作在那些方面可以進一步改善提高，並共同總結分析具體改進的方法。

第 *16* 章

行政後勤人員績效考核方案

一、行政後勤部門關鍵考核指標

1. 行政組關鍵績效考核指標

序號	KPI 關鍵指標	考核週期	指標定義/公式
1	行政工作計劃完成率	季/年	$\frac{行政工作實際完成量}{行政工作計劃完成量} \times 100\%$
2	行政辦公設備完好率	季/年	$\frac{完好設備台數}{設備總台數} \times 100\%$
3	行政費用預算控制率	季/年	$\frac{行政費用開支數額}{行政費用預算額} \times 100\%$
4	辦公用品採購按時完成率	季/年	$\frac{辦公用品採購按時完成量}{辦公用品應採購量} \times 100\%$
5	後勤工作計劃完成率	季/年	$\frac{後勤工作實際完成量}{後勤工作計劃完成量} \times 100\%$

6	後勤服務滿意度	季/年	企業員工對後勤服務的滿意度評價的算術平均值
7	車輛調度合理性	季/年	相關部門因車輛調度不合理而對行政部投訴的次數
8	消防安全事故發生次數	季/年	考核期內消防安全事故發生的次數
9	部門協作滿意度	年	相關合作部門對行政部工作滿意度評分的算術平均值

2.法律組關鍵績效考核指標

序號	KPI 關鍵指標	考核週期	指標定義/公式
1	普法培訓計劃完成率	季/年	$\frac{完成培訓數}{計劃培訓數}\times100\%$
2	各類法律風險分析報告提交及時率	季/年	$\frac{各類法律風險分析報告提交及時數}{法律風險分析報告提交款}\times100\%$
3	法律糾紛處理及時率	季/年	$\frac{法律糾紛處理及時數}{法律糾紛處理總數}\times100\%$
4	法律糾紛發生次數	季/年	考核期內因企業制度或合約、文件等存在法律漏洞而發生的法律糾紛次數
5	訴訟勝訴率	季/年	$\frac{訴訟勝訴數}{訴訟總數}\times100\%$
6	法律支持滿意度	季/年	參與企業談判,為相關部門提供決策參考,相關部門滿意度評價的算術平均值
7	文書檔案歸檔率	季/年	$\frac{歸檔的文檔數}{文檔總數}\times100\%$

3.後勤組關鍵績效考核指標

序號	KPI 關鍵指標	考核週期	指標定義/公式
1	後勤工作計劃完成率	季/年	$\dfrac{後勤工作實際完成量}{後勤工作計劃完成量} \times 100\%$
2	基建維修工作計劃完成率	季/年	$\dfrac{基建及時維修數}{基建設施需要維修總數} \times 100\%$
3	維修及時率	季/年	$\dfrac{維修及時數}{需要維修的設施、設備總數} \times 100\%$
4	環境衛生達成率	季/年	$\dfrac{環境衛生檢查達標的天數}{環境衛生的總天數} \times 100\%$
5	消防安全事故發生次數	季/年	考核期內消防安全事故發生的次數
6	車輛調度合理性	季/年	相關部門因車輛調度不合理而對行政部投訴的次數
7	食宿服務滿意度	季/年	接受評估的部門對後勤部食宿服務滿意度評分的算術平均值
8	後勤費用預算控制率	季/年	$\dfrac{後勤費用開支數額}{後勤費用預算額} \times 100\%$

4.接待組關鍵績效考核指標

序號	KPI 關鍵指標	考核週期	指標定義/公式
1	資訊傳遞及時率	季/年	$\dfrac{在規定時間內傳遞的信息量}{在規定時間內需要傳遞的資訊總量} \times 100\%$
2	接待服務方案提交及時率	季/年	$\dfrac{接待服務方案提交及時率}{接待服務方案應提交總數} \times 100\%$
3	接待服務滿意度	季/年	接受調研的人員(包括內部人員與外部人員)對接待部工作滿意度評分的算術平均值

續表

4	服務態度	季/年	因接待服務態度而被投訴的次數
5	接待費用控制率	季/年	$\dfrac{\text{接待費用開支數}}{\text{接待費用預算額}} \times 100\%$
6	接待檔案歸檔率	季/年	$\dfrac{\text{接待檔案歸檔數}}{\text{檔案總數}} \times 100\%$

5.辦公室文員績效考核

項次	指標名稱	指標定義	目標	實際	評分標準	標準得分
1	車輛調度合理性	相關部門因車輛調度不合理而對行政部投訴的次數	90%		每降低一個百分點扣5分	30分
2	辦公用品採購按時完成率	辦公用品採購按時完成量/辦公用品應採購×100%	95%		每降低一個百分點扣5分	20分
3	辦公設備完好率	完好設備台數/設備總台數×100%	90%		每降低一個百分點扣5分	10分
4	文件資料損壞率	文件資料完好份數/文件總份數×100%	90%		每降低一個百分點扣2分	10分
5	檔案庫房檢查次數	考核期內檔案庫房檢查次數	每月不得少於3次		每降低一個百分點扣1分	10分

二、行政後勤人員績效考核量表

1.行政部經理績效考核指標量表

序號	KPI 關鍵指標	權重	目標值
1	行政工作計劃完成率	15%	考核期內行政工作計劃完成率達 100%
2	行政費用預算控制率	10%	考核期內行政費用預算控制率在＿＿%以內
3	行政辦公設備完好率	10%	考核期內行政辦公設備完好率在＿＿%以上
4	辦公用品採購按時完成率	10%	考核期內辦公用品採購按時完成率在＿＿%以上
5	後勤工作計劃完成率	10%	考核期內後勤工作計劃完成率達 100%
6	消防安全事故發生次數	5%	考核期內消防安全事故發生次數在＿＿次以上
7	後勤服務滿意度	10%	考核期內後勤服務滿意度評分在＿＿分以上
8	部門協作滿意度	10%	考核期內部門協作滿意度在＿＿分以上
9	部門管理費用控制	10%	考核期內部門管理費用控制在預算範圍之內
10	員工管理	10%	考核期內部門員工績效考核平均得分在＿＿分以上

2.法律部經理績效考核指標量表

序號	KPI 關鍵指標	權重	目標值
1	普法培訓計劃完成率	10%	考核期內普法培訓計劃完成率達100%
2	法律部門工作計劃完成率	20%	考核期內部門工作計劃完成率達100%
3	訴訟風險管理體系建設目標達成率	10%	考核期內訴訟風險管理體系建設目標達成率在___%以上
4	各類法律風險分析報告提交及時率	10%	考核期內各類法律風險分析報告提交及時率在___%以上
5	法律糾紛處理及時率	10%	考核期內法律糾紛處理及時率在___%以上
6	訴訟勝訴率	15%	考核期內參與的訴訟案件的勝訴率在___%以上
7	法律支持滿意度	10%	考核期內相關部門對法律部提供的法律支持滿意度評價在___分以上
8	部門管理費用控制	10%	考核期內部門管理費用控制在預算範圍之內
9	員工管理	5%	考核期內部門員工績效考核平均得分在___分以上

3.後勤部經理績效考核指標量表

序號	KPI 關鍵指標	權重	目標值
1	後勤工作計劃完成率	20%	考核期內後勤工作計劃完成率達100%
2	基建工作計劃完成率	15%	考核期內基建工作計劃完成率達100%
3	公共設施維護及時率	15%	考核期內公共設施維護及時率在___%以上
4	環境衛生達成率	10%	考核期內環境衛生標率達100%
5	維修及時率	5%	考核期內維修及時率在___%以上
6	維修費用降低率	10%	考核期內維修費用降低率在___%以上
7	安全事故發生次數	5%	重大安全事故發生次數為0
8	食宿服務滿意度	5%	考核期內員工對食宿服務滿意度評分在___分以上
9	員工管理	5%	考核期內部門員工績效考核平均得分在___分以上
10	後勤費用預算控制率	10%	考核期內後勤費用預算控制率在___%以內

4.接待部經理績效考核指標量表

序號	KPI 關鍵指標	權重	目標值
1	接待部門工作計劃完成率	20%	考核期內部門工作計劃完成率達100%
2	接待服務方案提交及時率	15%	考核期內接待服務方案提交及時率在___%以上
3	資訊傳遞及時率	15%	考核期內接待對象反映的資訊傳遞及時率達100%
4	接待服務被投訴次數	5%	考核期內接待服務被投訴的次數在___次以下
5	接待服務滿意度	15%	考核期內接待服務滿意度評價在___分以上
6	接待費用控制率	10%	考核期內接待費用控制率在___%以內
7	部門管理費用控制	10%	考核期內部門管理費用控制在預算範圍之內
8	員工管理	10%	考核期內部門員工績效考核平均得分在___分以上

5.前台接待員績效考核指標量表

序號	KPI 關鍵指標	考核標準		評分標準	權重
1	電話接聽完成率	實接電話次數/電話記錄顯示撥入次數×100%	98%	每降低一個百分點扣 3 分	30%
2	傳真接收完成率	實接傳真次數/傳真記錄顯示傳真次數×100%	90%	每降低一個百分點扣 2 分	30%
3	訪客滿意度	對方可進行滿意度調查的算數平均值	90 分（滿分100 分）	少一分扣 2分，扣完為止	20%
4	信息傳遞及時率	及時傳遞信息數/信息需傳遞次數×100%	90%	每降低一個百分點扣 4 分	20%

6.行政主管績效考核指標量表

序號	KPI 關鍵指標	權重	目標值
1	行政工作任務完成率	15%	考核期內行政工作任務完成率達 100%
2	行政公文起草及時率	10%	考核期內行政公文起草及時率在___%以上
3	文件傳遞及時率	15%	考核期內文件傳遞及時率在___%以上
4	辦公用品採購按時完成率	10%	考核期內辦公用品採購按時完成率在___%以上
5	行政辦公設備完好率	10%	考核期內行政辦公設備完好率達到___%以上
6	車輛調度合理性	10%	考核期內相關部門因車輛調度不合理而對行政部投訴的次數在___次以內
7	行政費用預算控制率	10%	考核期內行政費用預算控制率在___%以內
8	文件歸檔及時率	5%	考核期內文件歸檔及時率在___%以上
9	會議組織滿意度	5%	考核期內與會者對會議組織滿意度的評價在___分以上
10	部門協作滿意度	10%	考核期內部門協作滿意度評價在___分以上

7.車輛主管績效考核指標量表

序號	KPI關鍵指標	權重	目標值
1	車輛保養計劃按時完成率	15%	考核期內車輛保養計劃按時完成率達100%
2	車輛調度合理性	15%	考核期內相關部門因車輛調度不合理而對行政部投訴的次數在___次以內
3	出車及時率	15%	考核期內出車及時率達100%
4	車輛耗油控制	10%	考核期內車輛百公里耗油控制在限額水準以下
5	交通違章總次數	5%	考核期內交通違章總次數在___次以內
6	事故處理及時率	5%	考核期內交通事故處理及時率達100%
7	車輛維修成本	10%	考核期內車輛維修成本控制在預算之內
8	車輛完好率	15%	考核期內車輛完好率在___%以上
9	辦理車輛年檢等手續的及時性	10%	考核期內未能及時辦理各種車輛手續的次數不高於___次

8.後勤主管績效考核指標量表

序號	KPI關鍵指標	權重	目標值
1	後勤工作任務完成率	20%	考核期內各項後勤工作任務按時完成率達100%
2	環境衛生達成率	10%	考核期內環境衛生達成率在___%以上
3	設施設備檢修計劃完成率	15%	考核期內設施設備檢修計劃完成率達100%
4	公共設施維護及時率	10%	考核期內公共設施維護及時率在___%以上
5	維修及時率	15%	考核期內設施設備維修及時率在___%以上
6	維修費用降低率	10%	考核期內維修費用降低率達___%以上
7	安全事故發生次數	5%	考核期內安全事故發生次數在___次以上
8	食宿服務滿意度	5%	考核期內員工對食宿服務滿意度評分達到___分以上
9	後勤服務檔案歸檔率	10%	考核期內後勤服務檔案歸檔率在___%以上

9.法律主管績效考核指標量表

序號	KPI 關鍵指標	權重	目標值
1	普法培訓計劃完成率	10%	考核期內普法培訓計劃完成率達 100%
2	訴訟風險管理體系建設目標達成率	10%	考核期內訴訟風險管理體系建設目標達成率在___%以上
3	各類法律風險分析報告編寫及時率	10%	考核期內各類法律風險分析報告編寫及時率在___%以上
4	法律糾紛發生次數	10%	考核期內法律糾紛發生總次數在___次以下
5	法律糾紛處理及時率	15%	考核期內法律糾紛處理及時率在___%以上
6	訴訟勝訴率	20%	考核期內參與的訴訟案件的勝訴率在___%以上
7	法律支持滿意度	15%	考核期內相關部門對法律部提供的法律支持滿意度評價在___分以上
8	文書檔案歸檔率	10%	考核期內法律文書檔案歸檔率在___%以上

三、秘書人員績效考核方案

（一）考核原則

1.公平、公正、客觀。

2.定性與定量相結合。

3.定期化與制度化相結合。

（二）考核實施目的

1.確保工作任務的達成。

2.提供績效改進的依據。

3.作為個人獎懲參考的依據之一。

4.作為薪酬調整、人員培訓的參考。

（三）考核實施

1.對秘書人員的考核，分為季與年兩種，由人力資源部負責統一安排，行政部負責考核的具體實施工作。

2.行政部經理根據被考核者的實際工作表現，對被考核者進行評估。對秘書人員進行考核評估如下：

工作業績考核

考核項目	考核指標	考核標準	得分
公文處理	①內容	真實、準確	
	②行文格式正確	符合公文寫作要求和標準	
	③錯誤率（錯別字、病句）	錯誤率控制在___‰以內	
文件錄入與列印	①工作效率	在規定的時間內完成	
	②錯誤率	錯誤率控制在___‰以內	
文件管理	①文件處理的及時性	在規定的時間內有效地完成	
	②文件的完整性	完整率達到___%	
領導日程安排	日程安排的合理性	領導滿意度評價在___分以上	
會議管理	①會議準備的週全性	因會議準備工作不充分而影響會議順利進行的次數不得超過___次	
	②會議過程中突發事件的處理		

工作態度和工作能力考核

考核項目		評價要點	評分等級			
			1 優	2 好	3 合格	4 需提高
工作態度	紀 律 性	出勤率、曠工率、遲到率				
	責 任 感	有較強的責任感，能徹底完成工作任務，可放心交付工作				
	工作主動性	自覺做好本職工作，無需他人監督				
	服 務 性	具有良好的服務意識				
工作能力	專業知識	達到崗位要求，勝任本職工作				
	計 劃 性	工作事前的計劃程度，表現在對工作時間、內容、程序等安排的合理性、有效性				
	溝通協調能 力	善於與人溝通，能有效地協調各方面的關係				
	辦公自動化設備的操作	熟練使用電腦、印表機、傳真機等				

3.行政部經理對考核

結果進行匯總並上交人力資源部，人力資源部將考核結果存檔。

（四）考核結果劃分

根據被考核者的得分，企業將其結果劃分為五個等級。其具體內容如下表所示。

考核結果劃分

等級	等級說明	分值範圍
A	優秀，指各項工作完成得很優異	90 分以上
B	良，指工作任務能全面完成，部份工作績效超出一般標準	80～89 分
C	好，指工作任務能全面完成，沒有不良評價	70～79 分
D	合格，指能基本完成工作目標，有少量工作完成得不夠及時	60～69 分
E	需提高，指工作目標未達成，有待提高	60 分以下

四、駕駛人員績效考核方案

（一）實施目的

①為客觀、公正地衡量員工工作績效，充分激發其工作積極性，為員工的薪資、培訓、崗位位調整等人事決策提供依據。

②提高車隊的管理水準，為企業的交通服務提供良好的後勤保障。

（二）考核內容

(A)工作態度

①工作紀律性（＿＿分）。

②工作責任心（＿＿分）。

③工作主動性（＿＿分）。

(B)工作業績考核

①工作任務完成情況（＿＿分）。

②出車手續辦理齊全(＿＿分)。

③出車及時率(＿＿分)。

④安全行使里程(＿＿分)。

⑤行車安全(＿＿分)。

⑥行車記錄的完整性與規範性(＿＿分)。

⑦安全學習情況(＿＿分)。

⑧車輛維修費用(＿＿分)。

⑨油料消耗費(＿＿分)。

(C)服務品質

①車容車貌(＿＿分)。

②行車服務(＿＿分)。

（三）其他相關規定

(A)凡有下列情況的予以加分

①全年無安全事故，沒有發生因主觀原因造成人身或車輛損害及其他事故的，加＿＿分。

②努力提高崗位技能、工作表現優異的，加＿＿分。

③其他情況。

(B)凡有下列情況的，予以扣分

①發生事故，造成人身或車輛傷(損)害的，扣＿＿分。

②違反交通法規，受到罰款等處罰的，一次扣＿＿分，受到罰款以上處罰的，扣＿＿分。

③未經批准，將車輛轉借給他人或公車私用，一次扣＿＿分。

④未按要求做好車輛保養、保潔工作或因主觀原因造成車輛機件損壞的，扣＿＿分。

⑤因主觀原因影響出車任務的，每次扣＿＿分。

⑥企業轄區內亂停、無序停車，每次扣＿＿分。

⑦有其他違規行為。

（四）考核實施

①駕駛員的考核工作由車隊長直接負責，人力資源部予以指導與協調。

②考核分為月考核、季考核、年考核三種。

③考核結果由公司人力資源部記入員工檔案。

五、行政後勤人員績效考核方案

（一）考核目的

①通過考核，對行政後勤工作人員在一定時期內擔當的職務工作所表現出來的能力、工作努力程度及工作業績進行分析。

②全面評價員工的工作表現，為薪資調整、職務變更、人員培訓等人力資源決策提供依據。

③促使各個崗位的工作成果達到預期的目標，提高企業的工作效率，以保證企業經營目標的實現。

（二）考核內容與標準

對行政後勤人員的考核主要從工作態度、日常工作表現、工作能力三方面進行。其具體考核內容與考核標準，詳見下表。

行政後勤人員考核內容與標準

考核內容		考核標準
日常工作	員工食堂管理	員工對食堂管理滿意度評價達到___分以上，每低1分，減___分
	企業轄區環境衛生	保持乾淨、無雜物，環境衛生檢查達成率達___%以上，每低1%，減___分
	車輛管理	①嚴格執行企業車輛安全管理制度，合理安排車輛的使用，每違反1次，減___分 ②出車及時率達到___%，每低於1%，減___分
	存車處管理	車輛擺放整齊，若車輛丟失，根據實際情況，減___～___分不等
	治安管理	年內重大安全事故發生次數為0，若發生一次，扣除該項的全部分數，一般性事故每發生一次，減___分
	公共設備、設施維修及時	因維修不及時而被投訴的情況每出現1次，減___分
工作態度	出勤情況	出勤率達到___%以上，每低1%，減___分
	工作責任心	①工作一絲不苟且勇於承擔責任，___分 ②工作勤奮，責任心較強，___分 ③責任心一般，滿足於完成日常的任務，___分 ④工作較馬虎，責任心不強，___分
	工作主動性	①對分內分外的工作都十分積極主動，___分 ②能主動地完成好本職工作，___分 ③工作較被動，有時需要外界推動才去做，___分 ④工作懈怠且工作業績不能達到工作標準，___分
	服務態度	按程序按規定辦事，能積極主動地為員工提供服務，員工滿意度評價達___分以上，每低1分，減___分

工作能力	專業知識	①全面掌握專業知識,對相關專業知識有廣泛的瞭解
		②掌握本專業知識,有一定的深度
		③對本專業的知識一般性掌握
		④缺乏本專業知識
	團隊協作	①團隊意識強,協作能力強,樂於助人
		②主動與他人合作
		③缺乏合作精神

(三) 考核實施

①考核分為季考核與年考核兩種。

②考核時成立考核評議小組,負責對考核工作的管理、指導和考核結果的最終審定,考核評議小組由後勤部經理、人力資源部工作人員組成。

③考核執行人員由被考核者的直接上級、人力資源部工作人員及其他相關人員組成。

④考核者根據被考核者日常工作表現,對其工作進行評估,並將評估結果報人力資源部。

(四) 考核回饋

考核工作結束後,考評者要對被考核者的工作績效進行總結,並將考核結果告知被考核者,讓考核者明確自身的優勢與不足,提出改進的措施,共同制定下一階段的績效目標。

（五）績效評估獎懲規定

①依公司有關績效獎懲管理規定給付績效獎金。

②年考核分數＿＿分以上的人員，次年可晉升 1～3 級薪資，視公司整體薪資制度規劃而定。

③擬晉升職務等級之人員，其年考核分數應高於＿＿分。

④年考核分數在＿＿分者，應加強崗位訓練，以提升工作績效。

六、清潔主管績效考核

序號	KPI 關鍵指標	考核標準		評分標準	權重
1	清潔計劃完成率	清潔工作實際完成量/清潔工作計劃完成量×100%	97%	每降低一個百分點扣3分	30%
2	公司全部區域清潔工作完成及時率	清潔工作及時完成次數/清潔工作總次數×100%	97%	每降低一個百分點扣5分	30%
3	清潔品質合格率	清潔品質檢查結果合格次數/清潔品質檢查總次數×100%	96%	每降低一個百分點扣4分	20%
4	部門違規清潔總次數	考核期內部門所有員工違規清潔次數	每月不超過8次	每多一次扣10分	20%

七、清潔員績效考核

序號	KPI 關鍵指標	考核標準		評分標準	權重
1	個人負責區域清潔工作完成及時率	清潔工作及時完成次數/清潔工作總次數×100%	90%	每降低一個百分點扣 3 分	30%
2	清潔品質合格率	清潔品質檢查結果合格次數/清潔品質檢查總次數×100%	90%	每降低一個百分點扣 3 分	30%
3	違規清潔次數	考核期內違規清潔次數	每月不超過 2 次	每多一次扣 10 分	40%

八、食堂主管績效考核

序號	KPI 關鍵指標	考核標準		評分標準	權重
1	飯菜品質達成率	菜品投訴數/出菜數×100%	90%	每降低一個百分點扣 3 分	30%
2	員工用餐滿意度	員工對食堂工作滿意度評分的算術平均值	90 分（滿分 100 分）	每少一分扣 2 分	20%
3	餐具損壞率	餐具損壞總件數/餐具總數×100%	1%	每升高一個百分點扣 2 分	10%
4	餐廳衛生檢查合格率	餐廳衛生檢查結果合格次數/餐廳衛生檢查總次數×100%	95%	每降低一個百分點扣 2 分	20%
5	餐廳費用預算控制率	餐廳實際費用/餐廳計劃費用×100%	90%	每升高一個百分點扣 2 分	20%

九、廚師績效考核

序號	KPI 關鍵指標	考核標準		評分標準	權重
1	飯菜品質達成率	菜品合格數/出菜數×100%	90%	每降低一個百分點扣 3 分	30%
2	個人負責餐具損壞率	個人負責餐具損壞件數/個人負責餐具總數×100%	1%	每升高一個百分點扣 3 分	30%
3	餐廳衛生檢查合格率	餐廳衛生檢查結果/衛生檢查標準×100%	95%	每降低一個百分點扣 2 分	40%

十、宿舍管理員績效考核

序號	KPI 關鍵指標	考核標準		評分標準	權重
1	員工宿舍內賭博次數	考核期內員工宿舍內賭博次數	每年不超過 2 次	每多一次扣 3 分	30%
2	宿舍衛生檢查合格率	宿舍衛生檢查結果合格次數/宿舍衛生檢查總次數×100%	90%	每降低一個百分點扣 2 分	20%
3	宿舍公共設備的損壞率	宿舍公共設備損壞件數/宿舍公共設備總數×100%	90%	每降低一個百分點扣 4 分	20%
4	宿舍安全事故發生次數	考核期內宿舍安全事故發生次數	每年不超過 4 次	每多一次扣 6 分	30%

十一、司機績效考核

序號	KPI 關鍵指標	考核標準		評分標準	權重
1	交通違章次數	考核期內交通違章次數	每月不超過 2 次	每多一次扣 3 分	30%
2	客人滿意度	接送客人調查滿意次數/接送客人次數×100%	90%	每降低一個百分點扣 2 分	20%
3	相關部門滿意度	對相關部門進行滿意度調查的算數平均值	90 分（滿分 100 分）	少一分扣 2 分，扣完為止	20%
4	車輛費用超支率	車輛費用超支額/車輛計劃費用×100%	1%	每升高一個百分點扣 4 分	20%
5	車輛使用情況	考核期內車輛使用情況	車輛非正常損壞次數為 0	發生一次扣 5 分	10%

心得欄 _____

_____

_____

_____

_____

_____

第 17 章

安全人員績效考核方案

一、安全經理

1. 考核指標設計

工作項		安全經理考核指標
安全管理	安全檢查	①安全檢查計劃完成率
		②安全隱患整改情況
	安全事故控制	①安全事故損失額
		②安全事故發生次數
		③安全事故處理及時率
		④千人工傷率
	安全培訓	①安全培訓計劃完成率
		②員工安全規範考試合格率
滿意度管理	滿意度評價	企業各部門對安全部工作的滿意度
員工管理	員工考核	安全部員工任職資格考核達成率

2.量化指標設計

序號	量化項目	考核指標	指標說明	權重
1	安全檢查	安全檢查計劃完成率	$\dfrac{實際完成的安全檢查工作項數}{計劃實施的安全檢查工作項數} \times 100\%$	15%
2	安全事故控制	安全事故損失額	由安全事故造成的直接損失額，包括傷亡支出、財產損失、救援及善後處理等費用	15%
		安全事故發生次數	考核期內企業各類生產安全事故發生次數	10%
		安全事故處理及時率	$\dfrac{安全事故及時處理次數}{安全事故發生總次數} \times 100\%$	10%
		千人工傷率	$\dfrac{因安全事故負傷及死亡人數}{當期員工總人數} \times 100\%$	15%
3	安全培訓	安全培訓計劃完成率	$\dfrac{實際完成的安全培訓項數}{計劃實施的安全培訓項數} \times 100\%$	10%
		員工安全規範考試合格率	$\dfrac{安全規範考試合格人數}{參加安全規範考試總人數} \times 100\%$	5%
4	員工管理	安全部員工任職資格考核達成率	$\dfrac{任職資格考核達標人數}{部門員工總人數} \times 100\%$	5%

3.定性指標設計

	考核項目	考核內容	權重
5	安全隱患整改情況	按照要求定期對企業進行安全隱患排查，發現並及時整改企業存在的各類安全隱患，並如實記錄安全隱患整改記錄	10%
6	企業各部門對安全部工作的滿意度	考核期內企業各部門對安全部工作的平均滿意度評價	5%

二、安全工程師

1.考核指標設計

工作項	工作職責細分	考核指標
安全規範執 行	①制定企業安全生產管理制度及規範性安全指引，並監督各部門遵照執行	安全管理制度的執行情況
	②編制企業安全管理體系文件，並檢查文件的合理性	安全管理文件編制的品質
安全檢查	①制訂並實施各項安全檢查計劃，並做好安全檢查記錄，確保企業的安全生產工作順利進行	安全檢查計劃完成率；安全檢查記錄完整、準確性
	②負責企業各部門及工廠內的安全巡查工作，及時發現、治理並消除本企業安全事故隱患	安全隱患發現及時性；安全隱患整改率；安全事故發生次數
安全事故控 制	①編制安全生產統計報告，分析安全事故發生趨勢並提出相應的預防措施	安全生產統計報告的品質
	②組織安全事故現場的處理和搶險救援工作，並調查事故形成的根本原因	安全事故處理及時率
	③負責安全事故工傷人員的善後工作	——
4.安全培訓	根據安全培訓計劃，具體負責企業員工各類安全培訓事宜	安全培訓計劃完成率；員工安全規範考試合格率

2.量化指標設計

序號	量化項目	考核指標	指標說明	權重
1	安全檢查與整改	安全檢查計劃完成率	$\dfrac{\text{實際完成的安全檢查工作項數}}{\text{計劃實施的安全檢查工作項數}} \times 100\%$	10%
		安全隱患整改率	$\dfrac{\text{整改完成的安全隱患項數}}{\text{計劃整改的安全隱患總項數}} \times 100\%$	5%
2	安全事故控制	安全事故發生次數	考核期內企業各類生產安全事故發生次數	15%
		安全事故處理及時率	$\dfrac{\text{安全事故及時處理次數}}{\text{安全事故發生總次數}} \times 100\%$	15%
3	安全培訓	安全培訓計劃完成率	$\dfrac{\text{實際完成的安全培訓項數}}{\text{計劃實施的安全培訓項數}} \times 100\%$	10%
		員工安全規範考試合格率	$\dfrac{\text{安全規範考試合格人數}}{\text{參加安全規範考試總人數}} \times 100\%$	5%

3.定性指標設計

	考核項目	考核內容	權重
4	安全管理制度的執行情況	認真貫徹執行企業各項安全管理制度，督促員工嚴格按照安全管理制度執行	5%
5	安全管理文件編制的品質	文件編制符合有關安全生產的法律法規，並且符合企業所在行業的行業規範及標準	10%
6	安全檢查記錄的完整、準確性	安全檢查記錄準確、及時、完整、有效	5%
7	安全隱患發現及時性	及時發現安全隱患並進行有效預防與治理，避免安全事故的發生	10%
8	安全生產統計報告的品質	能真實反映企業的安全生產情況，為企業管理層作出科學決策提供真實可靠的數據支援	10%

三、安全管理員

1. 考核指標設計

工作項	工作職責細分	考核指標
1. 安全監督與檢查	①監督企業各工種安全操作規程的執行	安全操作規程執行情況
	②開展工作場所的現場巡視工作，檢查並指導作業人員按照企業安全管理制度執行	現場巡視工作完成情況
	③具體負責安全隱患排查工作，確保安全隱患整改方案的實施	安全隱患整改率
	④根據企業安全檢查計劃，具體負責企業的各項安全檢查活動，並做好安全檢查記錄	安全檢查記錄完整性
2. 安全事故處理	協助調查處理企業的安全事故，並提交事故調查報告	安全事故調查報告提交及時率
安全生產教育	①協助開展企業各類作業人員的安全生產教育活動	安全規範考核合格率
	②根據安全培訓計劃，安排企業員工參加各類安全培訓	安全培訓覆蓋率
4. 防護用品發放	負責員工個人安全防護用品的領用、發放、使用及回收工作	安全防護用品發放及時率
5. 安全資料保管	負責企業安全記錄、文件等資料的收集、整理和保管工作	安全文件、資料的完整性

2.量化指標設計

序號	量化項目	考核指標	指標說明	權重
1	安全隱患整改	安全隱患整改率	$\dfrac{\text{整改完成的安全隱患項數}}{\text{計劃整改的安全隱患總項}} \times 100\%$	5%
2	安全事故調查	安全事故調查報告提交及時率	$\dfrac{\text{及時提交的安全事故調查報告次數}}{\text{安全事故發生總次數}} \times 100\%$	10%
3	安全培訓	安全培訓覆蓋率	$\dfrac{\text{當期實際參加安全培訓員工數}}{\text{應參加安全培訓員工總數}} \times 100\%$	15%
		安全規範考核合格率	$\dfrac{\text{安全規範考試合格人數}}{\text{參加安全規範考試總人數}} \times 100\%$	5%
4	安全防護用品發放	安全防護用品發放及時率	$\dfrac{\text{安全防護用品及時發放次數}}{\text{安全防護用品發放總次數}} \times 100\%$	15%

3.定性指標設計

	考核項目	考核內容	權重
5	安全操作規程的執行情況	督促員工嚴格遵守安全操作規程,杜絕違反安全操作規程情況的發生	15%
6	現場巡視工作的完成情況	要做好作業現場的巡視檢查,對於現場發現的安全問題或隱患應及時處理	10%
7	安全檢查記錄的完整性	安全檢查記錄數據真實、及時、準確,保管完好	15%
8	安全文件、資料的完整性	各類安全管理文件完整,無缺損、無遺漏、無丟失	10%

四、保安主管績效考核

部門名稱	行政部	被考核人姓名			
(一)KPI 指標完成情況					
項次	指標名稱	指標定義	目標	實際	評分標準	標準得分
1	消防設備損壞率	消防設備損壞數量/消防設備總數×100%	1%		每升高一個百分點扣2分	20分
2	安全事故次數	考核期內安全事故次數	重大事故次數為0		每多一次扣10分	20分
3	暴力事件發生次數	考核期內暴力事件發生次數	每年不超過4次		每多一次扣4分	20分
4	被盜事件發生次數	考核期內被盜事件發生的次數	每年不超過4次		每多一次扣4分	20分
5	消防安全隱患排查執行率	實際完成的消防安全隱患排查次數/計劃完成的消防安全隱患排查次數×100%	100%		每降低一個百分點扣2分	20分

五、門衛值班保安員

序號	KPI關鍵指標	考核標準		評分標準	權重
1	車輛出車記錄準確率	車輛出車記錄數/實際出車次數×100%	90%	每降低一個百分點扣3分	30%
2	無關人員進入公司次數	考核期內無關人員進入公司次數	每月不超過2次	每多一次扣10分	40%
3	門禁設備損壞率	門禁設備損壞數量/門禁設備總數×100%	1%	每升高一個百分點扣5分	30%

六、巡邏保安員

序號	KPI關鍵指標	考核標準		評分標準	權重
1	全範圍巡邏次數	考核期內全範圍巡邏次數	每天不少於4次	每少一次扣3分	30%
2	巡邏區域事故發生次數	考核期巡邏區域事故發生次數	重大事故次數為0	每多一次扣10分	40%
3	消防設備損壞率	消防設備損壞數量/消防設備總數×100%	1%	每升高一個百分點扣5分	30%

第 18 章

人力資源部人員績效考核方案

一、人力資源部門關鍵考核指標

1. 人力資源部關鍵績效考核指標

序號	KPI 關鍵指標	考核週期	指標定義/公式
1	人力資源工作計劃按時完成率	月/季/年	$\dfrac{\text{按時完成的工作量}}{\text{計劃工作量}} \times 100\%$
2	培訓計劃完成率	月/季/年	$\dfrac{\text{實際完成的培訓項目(次數)}}{\text{計劃培訓的項目(次數)}} \times 100\%$
3	招聘計劃完成率	月/季/年	$\dfrac{\text{實際招聘到崗的人數}}{\text{計劃需求人數}} \times 100\%$
4	績效考核計劃按時完成率	月/季/年	$\dfrac{\text{按時完成的績效考核工作量}}{\text{績效考核計劃工作總量}} \times 100\%$
5	績效考核申訴處理及時率	月/季/年	$\dfrac{\text{及時處理的績效考核申訴}}{\text{績效考核申訴總數}} \times 100\%$

6	員工任職資格達成率	年	$\dfrac{當期任職資格考核達標的員工數}{當期員工總數} \times 100\%$
7	核心員工流失率	月/季 /年	$\dfrac{一定週期內流失的核心員工數}{公司核心員工總數} \times 100\%$
8	薪資與獎金計算差錯次數	月/季 /年	對薪資、獎金核算及發放人為出錯次數為 0

2. 培訓發展部關鍵績效考核指標

序號	KPI 關鍵指標	考核 週期	指標定義/公式
1	培訓計劃完成率	月/季 /年	$\dfrac{實際完成的培訓項目(次數)}{計劃培訓的項目(次數)} \times 100\%$
2	人才培養計劃完成率	月/季 /年	$\dfrac{已完成的人才培訓計劃工作量}{人才培訓計劃工作總量} \times 100\%$
3	培訓考核達成率	月/季 /年	$\dfrac{培訓考核達標人數}{培訓的總人數} \times 100\%$
4	培訓成本控制率	月/季 /年	$\dfrac{實際培訓成本開支額}{培訓預算額} \times 100\%$
5	職稱評定申報及時率	月/季 /年	$\dfrac{規定時間內提交申請材料的次數}{計劃申請職稱評定的次數} \times 100\%$
6	員工職業生涯輔導計劃完成率	月/季 /年	$\dfrac{輔導計劃實際完成量}{計劃工作量} \times 100\%$
7	員工任職資格達成率	年	$\dfrac{當期任職資格考核達標的員工}{當期員工總數} \times 100\%$

3.績效薪酬部關鍵績效考核指標

序號	KPI 關鍵指標	考核週期	指標定義/公式
1	績效考核計劃按時完成率	月/季/年	$\dfrac{按時完成的績效考核工作量}{績效考核計劃工作總量} \times 100\%$
2	績效考核申訴處理及時率	月/季/年	$\dfrac{及時處理的績效考核申訴}{績效考核申訴總數} \times 100\%$
3	績效評估報告提交及時率	月/季/年	$\dfrac{規定日期內完成績效評估報告提交的次數}{完成績效評估報告的總次數} \times 100\%$
4	薪酬調查方案提交及時率	月/季/年	$\dfrac{規定日期內完成薪酬調研報告的次數}{計劃完成薪酬調研報告的總次數} \times 100\%$
5	薪資獎金報表編制及時率	月/季/年	$\dfrac{規定日期內完成報表編制的次數}{報表編制的總次數} \times 100\%$
6	薪資與獎金計算差錯次數	月/季/年	對薪資、獎金核算及發放人為出錯次數為 0

二、人力資源人員績效考核量表

1. 人力資源部經理績效考核指標量表

序號	KPI 關鍵指標	權重	目標值
1	人力資源工作計劃按時完成率	15%	考核期內人力資源工作計劃按時完成率達100%
2	人力資源規劃方案提交及時率	10%	考核期內人力資源規劃方案提交及時率在＿＿%以上
3	培訓計劃完成率	10%	考核期內培訓計劃完成率達100%
4	招聘計劃完成率	10%	考核期內招聘計劃完成率達100%
5	績效考核計劃按時完成率	10%	考核期內績效考核計劃按時完成率達到100%
6	員工任職資格達成率	10%	考核期內企業員工任職資格達成率達100%
7	核心員工流失率	10%	考核期內企業核心員工流失率不得高於＿＿%
8	薪酬調查方案提交及時率	10%	考核期內薪酬調查方案提交及時率達100%
9	人力資源成本預算控制率	10%	考核期內人力資源成本預算控制率在＿＿%以下
10	員工管理	5%	考核期內部門員工績效考核平均得分在＿＿分以上

2.培訓發展部經理績效考核指標量表

序號	KPI 關鍵指標	權重	目標值
1	人才培養計劃完成率	15%	考核期內人才培養計劃完成率達100%
2	培訓計劃完成率	10%	考核期內培訓計劃完成率在___%以上
3	培訓目標達成率	10%	考核期內培訓目標達成率在___%以上
4	培訓考核達成率	10%	考核期內培訓考核達成率在___%以上
5	員工任職資格達成率	10%	考核期內員工任職資格達成率達100%
6	職稱評定申報及時率	5%	考核期內職稱評定申報及時率達100%
7	員工職業生涯輔導計劃完成率	10%	考核期內員工職業生涯輔導計劃完成率在 %以上
8	培訓成本控制率	10%	考核期內培訓成本控制率在___%以下
9	部門管理費用控制	10%	考核期內部門管理費用控制在預算範圍之內
10	員工管理	10%	考核期內部門員工績效考核平均得分在 ___分以上

3.績效薪酬部經理績效考核指標量表

序號	KPI 關鍵指標	權重	目標值
1	部門工作計劃完成率	15%	考核期內部門工作計劃完成率達100%
2	績效考核計劃按時完成率	15%	考核期內績效考核計劃按時完成率達100%
3	績效評估報告提交及時率	10%	考核期內績效評估報告提交及時率在___%以上
4	薪酬調查方案提交及時率	10%	考核期內薪酬調查方案提交及時率達100%
5	薪酬考核資料歸檔率	5%	考核期內薪酬績效資料歸檔率在___%以上
6	員工薪酬滿意度	15%	考核期內員工對薪酬滿意度評價達到___分以上
7	薪資與獎金計算差錯次數	10%	考核期內因人為原因造成差錯的次數為0
8	員工保險、福利計算差錯次數	5%	考核期內因人為原因造成差錯的次數為0
9	部門管理費用控制	10%	考核期內部門管理費用控制在預算範圍之內
10	員工管理	5%	考核期內部門員工績效考核平均得分在___分以上

4.招聘主管績效考核指標量表

序號	KPI 關鍵指標	權重	目標值
1	招聘計劃達成率	20%	考核期內招聘計劃達成率達100%
2	招聘管道拓展計劃完成率	15%	考核期內招聘管道拓展計劃完成率達100%
3	人員需求計劃編制及時率	10%	考核期內人員需求計劃編制及時率達100%

續表

4	招聘空缺職位的平均時間	10%	年所有空缺職位招聘工作平均在＿＿天之內完成
5	招聘技術培訓計劃完成率	10%	考核期內招聘技術培訓計劃完成率達100%
6	招聘人員適崗率	10%	考核期內招聘人員適崗率達＿＿%以上
7	招聘效果評估報告提交及時率	5%	考核期內招聘效果評估報告提交及時率達＿%以上
8	招聘費用預算控制率	10%	考核期內招聘費用預算控制率在＿＿%以下
9	人才庫建設目標達成率	10%	考核期內人才庫建設目標達成率在＿＿%以上

5.培訓主管績效考核指標量表

序號	KPI 關鍵指標	權重	目標值
1	培訓計劃完成率	15%	考核期內培訓計劃完成率在＿＿%以上
2	培訓計劃編制及時率	10%	考核期內培訓計劃編制及時率在＿＿%以上
3	培訓總次數	15%	考核期內組織培訓總次數達到＿＿次以上
4	培訓考核達成率	15%	考核期內培訓考核達成率在＿＿%以上
5	培訓目標達成率	15%	考核期內培訓目標達成率在＿＿%以上
6	培訓效果評估報告提交及時率	5%	考核期內培訓效果評估報告提交及時率在＿%以上
7	人均培訓成本	10%	考核期內人均培訓成本達到＿＿元
8	培訓費用預算達成率	10%	考核期內培訓費用預算達成率達＿＿%以上
9	培訓資料歸檔率	5%	考核期內培訓資料歸檔率達到＿＿%

6.考核主管績效考核指標量表

序號	KPI 關鍵指標	權重	目標值
1	績效考核計劃按時完成率	20%	考核期內績效考核計劃按時完成率在___%以上
2	績效考核申訴處理及時率	10%	考核期內績效考核申訴處理及時率在___%以上
3	績效激勵方案編制及時率	15%	考核期內績效激勵方案編制及時率在___%以上
4	績效評估報告提交及時率	10%	考核期內績效評估報告提交及時率在___%以上
5	考核培訓計劃完成率	10%	考核期內對相關部門的考核培訓計劃完成率達到___%以上
6	考核數據統計準確性	10%	考核期內考核數據統計出錯的次數在___次以下
7	考評體系優化目標達成率	10%	考核期內考評體系優化目標達成率在___%以上
8	部門協作滿意度	10%	考核期內部門協作滿意度評價在___分以上
9	考核資料歸檔率	5%	考核期內考核資料歸檔率達到___%

7.薪酬主管績效考核指標量表

序號	KPI 關鍵指標	權重	目標值
1	薪酬調研報告提交及時率	20%	考核期內薪酬調研報告提交及時率達100%
2	人力成本核算與預測報告提交及時率	10%	考核期內人力成本核算與預測報告提交及時率達100%
3	員工保險、福利計算差錯次數	10%	考核期內因人為原因造成差錯的次數為0
4	薪資獎金報表編制及時率	10%	考核期內薪資獎金報表編制及時率達100%
5	薪資與獎金計算差錯次數	15%	考核期內因人為原因造成差錯的次數為0
6	員工薪酬滿意度	10%	考核期內員工對薪酬滿意度評價達到___分以上
7	薪酬異議處理及時率	10%	考核期內薪酬異議處理及時率達___%以上
8	薪酬福利體系優化目標達成率	15%	考核期內薪酬福利體系優化目標達成率在___%以上

三、招聘效果評估方案

（一）目的

①檢驗招聘工作的成果與招聘方法的有效性程度

②下次招聘工作的改進

（二）招聘評估工作小組的構成

招聘工作評估小組由人力資源部經理、招聘工作人員及用人部門的負責人組成。

（三）評估內容

(A)招聘週期

招聘週期是指從提出招聘需求到人員實際到崗之間的時間。

(B)用人部門滿意度

主要從招聘分析的有效性、資訊回饋的及時性、提供人員的適崗程度等方面進行綜合評估。

(C)招聘成本評估指標

1. 招聘成本

招聘成本是指為吸引和確定企業所需要的人才而支出的費用，主要包括廣告費、勞務費、材料費、行政管理費等。

$$單位招聘成本＝總成本/錄用人數×100\%$$

招聘所花費的總成本低，錄用人員品質高，則招聘效果好；反之，則招聘效果有待提升。

總成本低，錄用人數多，則招聘成本低；反之，則招聘成本高。

2. 選拔成本

它由對應聘人員進行人員測評與選拔，以做出決定錄用與否時所支付的費用所構成。

3. 錄用成本

錄用成本是指經過對應聘人員進行各種測評考核後，將符合要求的合格人選錄用到企業時所發生的費用，主要包括入職手續費、安家費、各種補貼等項目。

4.安置成本

安置成本是指企業錄用的員工到其上任崗位時所需的費用,主要是指為安排新員工所發生的行政管理費用、辦公設備費用等。

5.離職成本

離職成本是指因員工離職而產生的費用支出(損失),它主要包括以下四個方面。

①因離職前的員工工作效率的降低而降低企業的效益。

②企業支付離職員工的薪資及其他費用。

③崗位的空缺產生的問題,如可能喪失銷售的機會、潛在的客戶、支付其他加班人員的薪資等。

④再招聘人員所花費的費用。

(D)基於招聘方法的評估指標

①引發申請的數量。

②引發的合格申請者的數量 。

③平均每個申請的成本。

④從接到申請到方法實施的時間。

⑤平均每個被錄用的員工的招聘成本。

⑥招聘的員工的品質(業績、出勤率等)。

(E)錄用人員數量評價

1.錄用比

錄用比=錄用人數/應聘人數×100%

2.招聘完成比

招聘完成比=錄用人數/計劃招聘人數×100%

3.應聘比

應聘比=應聘人數/計劃招聘人數×100%

（四）評估總結

招聘工作結束後，招聘工作的主要負責人應撰寫招聘評估報告，報告應真實地反映招聘工作的過程，為企業下一次的招聘工作提供經驗。

四、培訓效果評估方案

（一）確定培訓效果評估目標

(A)需要解決的問題

(B)達到的水準及具體目標

（二）培訓評估人員的組成

培訓效果評估者可以來自企業內部，也可以來自企業從外部聘請的專家及企業客戶等。評估者自選定主要依據培訓項目的特點、培訓的內容及企業自身的情況等因素綜合考慮。

（三）培訓效果實施

(A)確定培訓效果評估層次

培訓評估的層面一般可以分為如下表所示的四個層面。

培訓評估層面

評估層面	名稱	評估內容	評估方法示例
第一層面	學習層評估（學習的效果）	學員掌握了多少知識和技能，如學員吸收或者記住了多少課程的內容	①筆試 ②口試 ③課堂表現 ④實際操作
第二層面	反映層評估（受訓學員的反應）	主要是瞭解員工接受培訓後總體的反應和感受，如對培訓的內容、教學方法、材料設施等相關方面的評價	①問卷調查 ②小組座談
第三層面	行為層評估（學員行為的改變）	培訓後的跟進，對學員在培訓後的工作行為和在職表現方面的變化進行評估	①觀察法 ②評估表（受訓學員的直接領導、同事、下屬等對學員的評價及學員的自我評價）
第四層面	績效層評估（培訓產生的效果）	上述三級變化對組織帶來的可見的、積極的作用，培訓是否對企業的經營結果產生了直接的影響，如次品率的下降有多大程度上歸功於操作技能的培訓	通過企業部份指標來衡量，如事故率、生產率、客戶投訴率下降等

(B)相關資料的收集

原始資料的收集、分析是培訓評估重要環節之一，所需收集的資料主要包括培訓評估調查表、現場操作考核結果、客戶滿意度、生產率及其他相關資料或數據，將這些數據與培訓實施前期相關數據進行比較，從而得出評估結論。

（四）培訓總結

(A)培訓評估報告的撰寫

評估報告主要有三個組成部份。

①培訓項目概況，包括項目投入、時間、參加人員及主要內容等。

②受訓員工的培訓結果，包括合格人數、不合格人員及不合格原因分析。另外，還應提出培訓考核不合格者處理建議，對不合格員工應進行再培訓，如果仍不合格者，應實施轉崗或是解聘。

③培訓項目的評估結果及處置。效果好的項目可保留，沒有效果的項目應取消，對於有缺陷的項目要進行改進。

(B)跟蹤回饋

培訓工作結果後，要及時將培訓的相關資訊再回饋給企業內部相關人員。

①人力資源部門工作人員在得到回饋意見的基礎上，應對培訓項目進行改進，精益求精，提高培訓水準。

②管理層對培訓工作的支持與否、培訓項目資金投入的多少等直接影響著培訓效果。

③受訓人員應明確自己的培訓效果，這種回饋有助於學員取長補短，繼續努力，不斷提高自己的工作績效。

④受訓人員的直接主管通過培訓評估結果，可以掌握其下屬培訓的情況，以便於指導下屬工作，並將其作為對下屬考核的參考因素之一。

第 *19* 章

會計人員績效考核方案

一、會計部門關鍵考核指標設計

1. 會計部關鍵績效考核指標

序號	KPI 關鍵指標	考核週期	指標定義/公式
1	日常核算工作準確性	月/季/年	日常核算數據出錯次數
2	會計憑證準確性	月/季/年	會計憑證不符合編制規則，或不符合事實的數量
3	會計報表編制準確性	月/季/年	會計報表出錯次數
4	對賬、結賬及時性	月/季/年	對賬、結賬未在規定時間內完成的次數
5	總賬登記及時性	月/季/年	總賬登記未在公司規定時間內完成的次數
6	會計憑證歸檔率	月/季/年	$\dfrac{會計憑證歸檔數}{會計憑證應歸檔的總數} \times 100\%$
7	財務分析報告及時率	月/季/年	$\dfrac{財務分析報告及時完成的次數}{財務分析報告完成的總次數} \times 100\%$

二、會計人員績效考核量表設計

1. 會計部經理績效考核指標量表

序號	KPI 關鍵指標	權重	目標值
1	部門工作計劃完成率	15%	考核期內部門工作計劃完成率達 100%
2	日常核算工作準確性	15%	考核期內日常核算數據出錯次數低於＿＿次
3	會計報表編制準確性	10%	考核期內會計報表出錯次數低於＿＿次
4	財務分析報告及時性	5%	考核期內財務分析報告未在規定時間內完成的次數為 0
5	會計憑證準確性	10%	考核期內會計憑證不符合編制規則，或不符合事實的數量低於＿＿
6	對賬與結賬及時性	15%	考核期內對賬、結賬未在公司規定的時間內完成的次數低於＿＿次
7	總賬登記及時性	15%	考核期內總賬登記未在公司規定的時間內完成的次數低於＿＿次
8	部門管理費用控制	5%	考核期內部門管理費用控制在預算範圍之內
9	會計憑證歸檔率	5%	考核期內會計憑證歸檔率達 100%
10	員工管理	5%	考核期內部門員工績效考核平均得分在＿＿分以上

2.會計人員績效考核指標量表

序號	KPI 關鍵指標	權重	目標值
1	日常核算工作準確性	20%	考核期內日常核算出錯次數低於＿＿次
2	賬務處理及時性	10%	考核期內因賬務處理不及時給公司造成的損失低於＿＿萬元
3	財務報表準確性	15%	考核期內因財務報表超時完成、數據錯誤造成的損失為 0
4	會計憑證準確性	10%	考核期內錯誤會計憑證的數量為 0
5	分類明細賬登記及時性	10%	考核期內分類明細賬未按時登記完成的次數不超過＿＿次
6	對賬結賬及時性	15%	考核期內對賬結賬未在規定時間內完成的次數為 0
7	總賬登記及時率	15%	考核期內總賬登記及時率為 100%
8	會計憑證歸檔率	5%	考核期內會計憑證歸檔率達 100%

三、會計人員績效考核方案

（一）目的

①通過績效考核，全面評價會計人員的工作表現，明確工作表現與薪酬、晉升的關係，激勵會計人員更積極、更卓越地做好自己的工作。

②正確地評價和把握會計人員的工作能力、工作態度及工作績效，並為有針對性地進行人才培育和選拔提供客觀的依據。

（二）績效考核的時間

會計人員的績效考核分月考核和年考核，其時間安排如下。

(A)月考核

①會計人員將個人「本月工作總結」和「下月工作計劃」，於當月最後一個工作日交給直接主管。

②直接主管按照會計人員當月的工作表現進行評價，並於下月5日前將相關資料交到人力資源部。

③人力資源部於15號前完成績效考核資料匯總，並報總經理審批。

(B)年考核

①會計人員於每年12月25日前將個人「全年工作總結」及「下年個人工作計劃」交給直接主管。

②直接主管對會計人員當年的工作表現進行評價，並於12月30日前交到人力資源部。

③人力資源部於1月5日前完成對年績效考核資料的整理匯總，並報總經理審核。

（三）績效考核的內容

會計人員績效考核的內容如下表所示。

（四）績效考核的方法

會計類人員的績效考核採用工作總結自我評價和上級主管綜合評判相結合的方法開展。

績效考核內容與評分標準

考核要素		要素說明	評分標準(分)				
分類	名稱		5	4	3	2	1
態度	守法自律	遵守公司規章制度和法律,注重自身形象建設					
	進取敬業	積極進取,追求卓越;工作細緻、嚴謹、恪守職責					
能力	分析能力	分析財務數據,預測公司財務動態的能力					
	理財能力	主持公司預算工作,制訂公司投資、籌資計劃的能力					
	溝通能力	在成本控制、資產的管理等方面與其他部門溝通、達成一致意見的能力					
	外部協調能力	與稅務、審計部門、銀行等進行協調、溝通的能力					
業績	財務預算	財務預算編制及時、全面、合理,傳達及時					
	財務核算	財務核算及時、數據準確					
	投資管理	投資收益達成計劃目標					
	籌資管理	籌資方式恰當,按時完成籌資任務					

(A)工作總結

①會計人員每月在規定的時間提交當月的工作總結，對自己的工作表現進行自我評價。

②會計人員每年 12 月 25 日前上交年工作總結，對自己當年的工作表現進行自我評價。

(B)上級評價

會計人員的直接主管接到下屬的月工作總結或年工作總結後，按照考核期內計劃目標的達成情況、會計人員的工作總結等，對會計人員進行評價，確定其最終的績效考核得分。

（五） 績效考核等級劃分

會計人員績效考核等級劃分如下表所示。

績效考核等級劃分表

等級名稱	得分範圍(分)	等級說明
A 級	90～100	超額完成工作目標
B 級	80～89	完成工作目標，且成績突出
C 級	70～79	完成工作目標，但是有有待提高的空間
D 級	60～69	未完成工作目標，但經過努力很快可以完成
E 級	60 以下	未完成工作目標，且需要長時間努力才能完成

（六） 績效考核的結果應用

(A)月績效考核結果應用

會計類人員月績效考核結果應用標準，如下表所示。

月績效考核結果應用標準

績效考核結果	獎懲措施
當月績效考核為 A 級	月獎勵 3000 元
當月績效考核為 B 級	月獎勵 2000 元
當月績效考核為 C 級	月獎勵 1000 元
當月績效考核為 D 級	不獎不罰
當月績效考核為 E 級	罰款 1000 元
全年累計 8～10 次 A 級	年終獎金加 2000 元
全年累計超過 10 次 A 級	年終獎金加 3000 元
全年累計超過 5 次 E 級	給予辭退處理

(B)年績效考核結果應用

會計類人員年績效考核結果應用標準，如下表所示。

年績效考核結果應用標準

績效考核結果	獎懲措施
年考核成績為 A 級者	加發一個月的基本薪資
年考核成績為 B 級者	加發半個月的基本薪資
年考核成績為 C 級者	年終不獎不罰
年考核成績為 D 級者	給予留用察看兩個月處理
年考核成績為 E 級者	給予辭退處理

第 20 章

出納人員績效考核方案

一、出納部門關鍵考核指標設計

1.出納部關鍵績效考核指標

序號	KPI 關鍵指標	考核週期	指標定義/公式
1	現金收付款準確性	月/季/年	現金收付款額出現錯誤的次數
2	銀行收付款及時性	月/季/年	銀行收付款業務未按時完成的次數
3	現金收支憑證完好性	月/季/年	各項收支憑證損壞、丟失的數量
4	銀行餘額調節表準確性	月/季/年	銀行餘額調節表數據出現錯誤的次數
5	記賬準確性	月/季/年	記賬出現錯記、漏記的次數
6	稅金交納準確性	月/季/年	稅金交納出錯的次數
7	庫存現金管理出錯次數	月/季/年	庫存現金管理出錯次數

二、出納人員績效考核量表設計

1. 出納部經理績效考核指標量表

序號	KPI 關鍵指標	權重	目標值
1	部門工作計劃完成率	15%	考核期內部門工作計劃完成率達 100%
2	現金收、付款準確性	15%	考核期內現金收付款業務金額出現錯誤的次數低於___次
3	現金收支憑證完好性	10%	考核期內各項收支憑證損壞、丟失的數量為 0
4	稅金交納準確性	5%	考核期內稅金交納出錯的次數低於___次
5	記賬準確性	15%	考核期內記賬出現錯記、漏記的次數低於___次
6	銀行收、付款及時性	15%	考核期內銀行收付款業務未按時完成的次數低於___次
7	銀行餘額調節表準確性	5%	考核期內編制的銀行餘額調節表數據出錯次數低於___次
8	庫存現金管理出錯次數	5%	考核期內庫存現金管理出錯次數為 0
9	部門管理費用控制	5%	考核期內部門管理費用控制在預算範圍之內
10	財務憑證歸檔率	5%	考核期內財務憑證歸檔率達 100%
11	員工管理	5%	考核期內部門員工績效考核平均得分在___分以上

2.出納人員績效考核指標量表

序號	KPI 關鍵指標	權重	目標值
1	現金收支準確度	20%	考核期內各項現金收支數額差錯次數為0
2	現金收支憑證完好性	10%	考核期內現金收支憑證損壞、丟失的數量為0
3	現金日記賬登記及時性	10%	考核期內現金日記賬登記沒有按時完成的次數為0
4	現金收支報表編制及時性	10%	考核期內現金收支報表未按時編制的次數為0
5	薪資發放工作的準確度	15%	考核期內薪資發放數額出錯次數為0
6	費用報銷準確度	10%	考核期內費用報銷出錯的次數為0
7	銀行結算業務準確性	15%	考核期內銀行結算金額出錯次數低於次
8	財務憑證歸檔率	10%	考核期內財務憑證歸檔率達到100%

三、出納人員績效考核方案

（一）目的

公司進行出納人員績效考核的目的如下。

①協調公司資產管理的目標和出納人員的工作目標，監督檢查資產管理工作完成情況。

②把薪酬與績效掛鉤，通過薪酬激勵提高出納人員的工作積極性和資產管理績效。

③促進上下級間的溝通，為選拔人才和合理激勵提供依據。

（二）績效考核的時間

出納人員的績效考核時間如下表所示。

績效考核時間表

績效考核	時間	備註
月績效考核	每月 1 日到 10 日	月績效考核由部門經理負責
年績效考核	每年 12 月 10 日到 25 日	人力資源部成立考核小組主持年績效考核

（三）月績效考核的內容與實施

(A)月績效考核的內容

出納人員月績效考核的內容和評分標準如下表所示。

月績效考核的內容和評分標準

考核項目		評分標準				
		96～100 分	81～95 分	61～80 分	41～60 分	0～40 分
工作態度 15%	是否熱愛本職工作、積極主動地把工作做得更好	始終積極主動地工作，自發地增加工作量，且工作業績突出	不需要監督，能積極主動地做好本職工作，但很少主動承擔額外工作	需要監督才能夠積極工作，且不願意承擔額外的工作	工作積極性不高，拒絕承擔額外的工作	從來不積極主動地工作，有時甚至影響他人工作
工作效率 15%	看工作是否按時、有條理地完成	總是按時或者提前完成工作，且工作有條理	總是按時完成工作，但是在條理方面有待改善	大部份工作按時完成，且工作條理性較好	大部份工作能夠按時完成，但是欠缺條理性	很少按時完成工作，且工作條理性也有待改善

工作品質 30%	不考慮工作量的多少,只看工作完成情況是否符合公司品質標準	資產管理相關工作,如資產核算、資產賬卡登記等數據都準確無誤	工作各個環節極少出錯,即便有錯,也能夠及時地自行改正	工作偶爾出錯,且經過別人指正後很快改正	工作很少出錯,但會重覆出同樣的錯	工作經常出錯,且總是出同樣的錯
專業知識 10%	看是否具有充分的專業知識、掌握了工作方法和工作需要的軟體等	精通工作需要的知識與技能理論,且實際操作非常優秀	對工作需要的知識與技能瞭解充分,且能夠熟練操作	對工作需要的知識有相當程度的瞭解,實際操作不是很熟練	欠缺工作需要的知識與技能,實際操作需要人指導	與工作相關的知識技能大部份都掌握得不夠好
創新能力 5%	是否勇於創新。提出新的、更有效的工作方法	銳意創新,工作中不斷提出和運用新想法、新措施	樂意運用和提出新想法、新措施	偶爾提出新想法、新措施、新工作方法	因循守舊,墨守成規	拒絕創新,敵視新方法、觀點
團隊精神 5%	與同事友好相處情況,是否主動與人合作,幫助他人	與人合作高效,與同事相處融洽,能主動幫助同事解決問題	一向合作良好,與同事友好相處,積極回應同事的求助	與多數同事相處良好,但與個別同事有小的摩擦	時常不能與同事合作,提出意見的態度或方式欠佳	不願與人合作,很少與同事溝通交流
責任感 5%	對工作的責任感及勤勉程度	責任心強,工作勤勤懇懇	對工作認真負責,但是偶爾需要人提醒	對工作認真負責,很少閒聊或打擾別人	工作責任心不強	有機會就偷懶,不把工作放在心上
工作量 5%	考慮工作品質,看工作量的多少	完成的工作量比要求的多	工作量超出大家的平均水準	按時完成公司要求的工作量	工作量偶爾低於平均水準	很少按時完成公司要求的工作量

續表

出勤率5%	工作紀律性、遲到早退次數等	從未請假、遲到或早退	從未請假，但偶爾遲到或早退	偶爾請假、遲到或早退,但理由合理	偶爾請假、遲到或早退,但理由不合理	經常請假、遲到或早退
學習精神5%	是否主動學習,且迅速掌握新知識	自動自發地學習,能夠很快地吸收和運用新知識	能夠自動自發地學習,但是在知識應用方面需要提高	積極參加公司組織的培訓,能夠掌握和運用新知識	能夠掌握新知識,但是不能很快地運用到工作中	學習熱情不高,學習效率很低

(B)月績效考核結果等級劃分

出納類人員的績效考核得分為各考核項目得分與其權重之積的總和,其等級劃分與獎懲標準如下表所示。

月績效考核等級劃分表

等級名稱	得分範圍(分)	獎懲措施
A級	90~100	月獎勵1400元
B級	80~89	月獎勵900元
C級	70~79	月獎勵500元
D級	60~69	不獎不罰
E級	60以下	罰款500元

(C)月績效考核的實施

出納人員的月績效考核由部門經理負責,其考核主要由以下三部份組成。

①部門經理根據崗位通用評價標準和崗位職責標準，對出納人員進行初步評價。

②部門經理根據月初出納人員上交的工作計劃和工作目標，對出納人員進行考評打分。

③人力資源部根據部門經理提交的月績效考核資料和公司規定的崗位績效要素，對出納人員的績效考核結果進行核定，並負責結果的統計和發佈。

（四）年績效考核的實施

出納人員的年績效考核由人力資源部組建績效考核小組進行。年績效考核是對月績效考核的匯總，其得分為年 12 個月績效考核得分之和的平均數。年績效考核的等級劃分如下表所示。

年績效考核等級劃分表

等級名稱	得分範圍（分）	獎懲措施
A 級	90～100	年終獎金加 4000 元
B 級	80～89	年終獎金加 3000 元
C 級	70～79	年終獎金加 2000 元
D 級	60～69	年終獎金不變
E 級	60 以下	年終獎金減 2000 元

（五）績效考核結果應用

①部門經理依據績效考核的結果選拔優秀人才、辭退不稱職人員，並且有針對性地制訂員工培訓計劃，指導出納人員學習和成長。

②公司通過調整和改善績效目標，引導出納人員調整工作重心，把工作做得更好。

（六） 績效結果回饋

績效考核結果回饋是部門經理或績效考核小組成員，與出納人員就績效考核的結果進行溝通，其目的是引導被考核者做出客觀、正確的自我評價，幫助出納人員解決工作中存在的問題。因此，績效考核結果回饋應該注意以下問題。

①不能使用帶有威脅性的用語，不要追究出納人員的責任和過錯。

②對事不對人，多援引數據，用事實說話。

③創造輕鬆、融洽的談話氣氛，保持雙向溝通，多傾聽員工的心聲。

心得欄 ------------------------------------

第 *21* 章

企業高層主管職位的績效考核技巧

一、工作目標與績效指標

企業高層主管職位的績效考核指標是對其工作目標的進一步具體化和明確化，也是企業高層主管職位績效工作目標的量化。在績效考核系統中，應在績效工作目標、考核指標和考核目的三者之間取得一致。這是建立有效的考核指標體系的前提條件。

1. 績效考核指標與系統總目標的一致性

系統存在與目標，即在決策和計劃中所確定的人們所期望的內容及其數量值應該是一致的。系統輸出的考核與評價都會表現為具體工作目標實現的程度，這決定了績效考核必須和職位績效工作目標相聯繫，而考核指標表達的是績效工作的要求，必然要與系統目標相一致。這體現在兩個方面：

(1)內容是否一致。即績效考核指標的內容是否反映了目標的實質含義，達到一致性。績效工作目標的內容不僅能夠正確評價工作產出

對目標值的實現程度,而且能引導職位工作朝正確的方向發展。

(2)內容是否反映目標的整體性。即績效工作目標的內容是否反映了職位整體工作總目標的整體和各個側面。職位績效考核要求考核指標不應該是單一的,而是根據職位工作的總目標進行科學的分析和系統的瞭解,建立一套能夠反映職位績效工作總目標和整體績效的多方面、多層次有機聯繫的考核指標體系。

2.考核指標與績效工作目標的一致性

績效考核指標體系是一組既獨立又相關、並能較完整地表達績效工作要求的考核要素,也就是說,考核指標體現的是績效工作要求、工作目標。由於職位績效工作目標的不同,績效考核指標也應該有所變動。

3.績效工作目標與職位績效總目標的一致性

績效考核指標既要與職位目標一致,又要與具體工作要求和目標一致,這就要求具體績效工作目標與職位績效總目標具有良好的一致性。否則,設計績效考核指標體系過程中將遇到難以兩相適應的局面,導致績效考核工作的失敗。另一方面,職位績效目標決定了職位的一切工作、活動,績效考核工作必須服務於職位績效目標和工作目標。績效考核只是一種手段,為考核而考核的活動是毫無價值的。因此,績效考核的目的在於通過達到與職位績效總目標以及具體工作目標的一致性,實現為了改進績效而考核績效的目的。

二、企業績效指標

對高層主管職位的績效考核必須結合企業整體績效。一般來說,企業的績效可以從企業的收益性、成長性、流動性、安全性及生產性

5個方面來考察。

1.收益性績效指標

企業收益性指標是反映企業一定時期(一般為一個財政年度)的收益及獲利能力的指標。

企業收益性績效指標

收益性指標	計算公式
總資產報酬率	所有者權益報酬率
所有者權益報酬率	所有者權益報酬率=淨利潤/所有者權益
毛利率	毛利率=銷售毛利/淨銷售收入
銷售利稅率	銷售利稅率=利稅總額/淨銷售收入
成本費用利潤率	成本費用利潤率=(經收益+利息費用+所得銳)/成本費用總
總每股利潤	每股利潤=(淨利潤-優先股股利)/普通股發行在外的平均股數
每股股利	每股股利=支付普通股的現金股利/普通股發行在外的平均股數
股利發放率	股利發放率=每股股利/每股利潤
股利報酬率	(淨利潤-優先股股利)/平均普通股權益
市盈率	市盈率=普通股每股市場價格/普通股每股利潤

2.流動性績效分析

企業流動性指標是反映企業在一定時期(通常為一個財政年度)內資金週轉狀況的指標,是對企業資金活動的效率分析。為此要算出各種資產的週轉率和週轉期,分別討論其運用效率。

企業流動性績效指標

流動性指標	計算公式
存貨週轉率	存貨週轉率=銷售成本/平均存貨
應收賬款週轉率	應收賬款週轉率=賒銷收入淨額/應收賬款平均額
流動資產週轉率	流動資產週轉率=銷售收入/流動資產平均額
固定資產週轉率	固定資產週轉率=銷售收入/固定資產淨值
總資產週轉率	總資產週轉率=銷售收入/資產總額

3.安全性績效指標

它是反映企業經營的安全程度,也可以說是資金調動的安全性的一組指標。企業安全性指標分析的目的在於觀察企業在一定時期內的償債能力狀況。一般來說,企業收益性好,安全性也高。但在有的情況下,收益性雖高,資金調度卻不順利。

企業安全性績效指標

安全性指標	計算公式
流動比率	流動比率=流動資產/流動負債
速動比率	速動比率=速動資產/流動負債
負債比率	負債比率=負債總額/資產總額
權益乘數	權益乘數=資產總額/股東權益
負債與股東權益比率	負債與股東權益比率=負債總額/股東權益
利息保障倍數	利息保障倍數=(稅前利潤+利息費用)/利息費用

4.成長性績效指標

企業成長性指標是反映企業在一定時期內的經營能力、發展狀況的一組指標。一個企業即使收益性很高,但如果成長性不好,也不能給以很高的評價。成長性指標是從量和質的角度評價企業發展情況即將來的發展趨勢。其指標是將前期目標做分母,本期指標做分子,求

得增長率。

企業成長性績效指標

成長性指標	計算公式
銷售收入增長率	銷售收入增長率=本期銷售收入/前期銷售收入
稅前利潤增長率	稅前利潤增長率=本期稅前利潤/前期稅前利潤
固定資產增長率	固定資產增長率=本期固定資產/前期固定資產
人員增長率	人員增長率=本期職工人數/前期職工人數
產品成本降低率	產品成本降低率=本期產品成本/前期產品成本

5.生產性績效指標

企業的生產性指標反映的是企業在一定時期內的人均生產經營能力、生產經營水準和生產成果的分配問題。

企業生產性績效指標

生產性指標	計算公式
人均銷售收入	人均銷售收入=銷售收入/平均職工數
人均利潤率	人均利潤率=淨利潤/平均職工數
人均資產總額	人均資產總額=資產總額/平均職工人數
人均薪資	人均薪資=薪資總額/平均職工人數

企業績效指標是對企業整體績效進行衡量時可以運用的指標，也是企業對高層主管職位在績效考核時要運用的績效指標。

三、高層主管職位的績效考核指標

績效考核的核心是將企業實際的結果與其計劃目標相比較，計劃目標可能是企業的戰略發展目標、預算目標或短期經營目標。企業績

效考核指標中，很大一部份是財務型指標。例如企業預算是一項財務計劃，以財務術語來表述。企業的長期戰略發展目標通常也包括一個或多個財務指標。同時，企業也有各種非財務目標，對此也必須進行績效考核。

1.高層主管職位的財務績效指標

企業高層主管職位績效考核的財務指標

財務考核指　　標	例　　子
利　　潤	利潤也許是企業財務績效評估最常用的指標。它也可以考核企業資本投資額所賺取的利潤，即資本回報率。
收　　入	財務績效也可以用銷售收入或銷售收入增長率來衡量。
成　　本	大多數企業的財務計劃有費用預算和產品或服務計劃成本。績效評估的一般方法是看其實際成本比預算成本高還是低，來判斷成本是否失控。
每股價格	如果企業有股票在股票交易所交易，財務績效也可以以對股東的回報來評估。它包括給股東支付的股利和股票每股價格的上漲或下跌。
現金流量	就像監控利潤一樣，監控其現金流量，以確保企業從經營中創造充分的現金去滿足可預見的負債。測定現金流量能力的一個指標是企業在某一期間賺取的自由現金流量金額。自由現金流量是指超過公司管理層日常有權開銷的現金，如股息紅利或不必要的資本支出。

2.高層主管職位非財務績效指標

在現代企業環境裏，財務績效指標並不能反映企業績效全貌。在當今全球經濟環境中，企業間還通過產品品質、配送、誠信、售後服務和顧客滿意度等多種方式進行競爭，而在傳統會計系統裏對這些因素的變化並不直接計量評估。

企業正在增加各種非財務定量與定性績效卡片和指標。例如：品

質等級，整修；顧客投訴次數；配送時間；擔保要求次數；非生產小時；領先次數；系統(機器)停工時間；⋯⋯

與傳統的財務報告(如差異報告)不同，許多非財務考核結果都能被很快地提供給管理層。管理層可以要求依據每個班次、每一天甚至每一個小時提供一次。

高層主管職位績效考核非財務指標

非財務考核指標	例　　子
市場佔有率	例如企業目標是想在某一特定市場上成為最大的供應商，評估目標實現程度的指標是計算其在整個市場上佔有率的百分比
產品品質	可以用產品的次品率、整修率和廢品率來評價。
消費者服務品質	可以用回應客戶召喚的平均時間和滿足客戶訂單的平均時間來評估
生產能力	生產能力是以生產產品投入的資源所生產出的產品或服務數量來計量的。生產能力評價的指標有：每人工小時、機器小時、職工人數或每噸材料所生產的產品數量。生產能力是用以反映資源被使用效率高低的

非財務績效指標既可以依據定量的方式加以考核，也可以依據定性的方式加以考核。定量考核意味著計劃目標和實際績效能以數字方式表述。儘管有時定性資訊通過例如區分等級這樣的方法被轉化成數字(例如 1=好，2=平均，3=差)，但定性考核一般來說是不能以數字表述的。

雖然定性方法性質上是主觀的和需要個人判斷的，但它仍然有用。當定性方法是依據幾個不同方面資訊來源而實施的時候，該法非

常具有價值，此時判斷的不可靠性減少。定性績效考核的一個例子是消費者對某一公司產品或服務的感覺或對某一品牌形象的感覺。

傳統的績效考核普遍使用這樣的術語:「(材料)每生產單位千克」或「每小時生產單位」。實際上，表面看起來好像不可能的組合也可以用來進行績效評估。例如，「每1000份發票的差錯數」就非常準確地顯示了負責發票工作員工的工作績效。

確定高層主管職位的績效指標也與選用的績效考核方法有很大關係。例如，如果企業選用平衡記分卡方法開展績效考核。

高層主管職位非財務指標要素組合

差錯/失敗	時間	數量	人員
投降率	秒	產品系列	被考核者
設備失敗數	分	零部件	被考核者
擔保次數	小時	生產單位	消費者
投訴次數	班次	銷售單位	競爭對手
退回數	週期	提供的服務	供應商
缺貨數	日	千克/升/米	缺席者
遲到/等待	月	$米^2/米^3$	
不準確資訊	年	文件數	
計算誤差		配送次數	
		調查次數	

高層主管職位平衡記分卡績效考核常用指標

項目	結果評估
核心財務評估指標	1. 資本回報率、經濟增加值與市場增加值比較 2. 盈利能力 3. 收入增長與綜合收入比較 4. 成本降低與生產率比較 5. 現金流
核心顧客評估指標	1. 市場佔有率 2. 顧客盈利能力 3. 爭取新顧客 4. 留住老顧客 5. 顧客滿意度 6. 配送及時性
企業內部流程在指標	以下內容可能會因企業自身特點的不同而有所變化： 1. 贏得合約訂單的成本率 2. 生產週期 3. 整修工作水準
核心學習和創新評估指標	1. 新產品收入佔總收入的百分比 2. 開發新產品的時間 3. 員工的生產率 4. 員工滿意度 5. 員工流動率 6. 員工人均收入

第22章

績效考核的精彩案例

※附錄一　AB 電子的 KPI 績效案例

一、背景介紹

AB 公司主要產品是增強材料和電子布產品。增強材料是製造複合材料的主要材料,而電子布是電子工業的基礎材料。這兩種產品所需主要原材料相同,製造技術也很相似,但這兩種產品的最終使用市場具有很大差別:一個主要用於建築領域,另一個主要用於電子領域。

公司實行直線職能制組織結構,公司下設七個部門、兩個工廠,分別是人力資源部、財務部、生產部、技術品質部、採購部、銷售一部、銷售二部、增強材料工廠和電子布工廠。銷售一部負責增強材料的銷售,銷售二部負責電子布的銷售。

AB 公司自從去年開始對各部門負責人實行年薪制,並將考核結果和薪酬結合,總的來說,去年的績效管理工作取得了一定成效,公

司的整體業績大幅增長，與房地產行業興盛，導致增強材料市場需求急速膨脹有一定關係。

去年，公司給銷售一部制定的銷售目標是 20000 噸，銷售收入 1.6 億，實際完成 30000 噸，銷售收入 3.3 億。按照原來的承諾，銷售收入增加多少，銷售一部部長的年薪和其他員工的獎金就增加多少（銷售二部適用同樣政策）。年底績效考核時，銷售一部完成的銷售收入超過目標 1 倍以上，而銷售二部剛好完成目標，如果根據原來的約定，銷售一部部長的年薪將是銷售二部部長的兩倍。很多主管向公司李總經理反映這種不合理情況，認為銷售一部的業績很大程度上是市場的原因，而不是這個部門員工工作努力的結果；很多部門抱怨給自己部門目標定的過高，給銷售一部定的目標過低。如何處理銷售一部的年終考核的確是個很大難題，對此，李總經理向人力資源部陳部長徵求意見。

陳部長今年 38 歲，大學理工科畢業後一直在 AB 公司工作，兩年前被提拔為行政人事部部長，具有豐富的行政和人力資源管理工作經驗。公司新的薪酬績效管理體系就是陳部長親自建立起來的。

陳部長認為，如果完全按照原來的約定處理，的確對其他部門是不公平的，會影響員工的積極性；但如果不按原來的約定兌現承諾，恐怕會對下一年銷售一部的工作產生負面影響。為了平衡內部公平性和既定政策的嚴肅性，陳部長建議調整銷售一部的年度經營目標。

李總經理覺得陳部長的建議還是可行的，因此與銷售一部的鄭部長進行了充分溝通。

李總經理：「過去的一年你們部門工作很有成效，超額完成了任務，給公司做出了重大貢獻。」

鄭部長：「應該的！」

李總經理：「不是領導有方，是市場行情好啊，房地產行業投資快速增加，帶來了增強材料的巨大需求。」

鄭部長：「就是就是。」

李總經理：「年初你們部門定的目標是多少呢？超額完成了多少呢？」

鄭部長：「年初定的目標是銷售收入 1.6 億，實際完成 3.3 億，超額完成 1 倍多。」

李總經理：「哦，看來年初給你們部門定的目標太低了，我們年初對市場情況的判斷有問題。我認為應該對你們部門的目標做一下調整，你怎麼看呢？」

鄭部長：「調整一下目標，我倒是沒什麼意見。但對我部門的員工來說，恐怕有點兒不公平啊……您知道，這一年來，他們不是在路上，就是在和客戶週旋，或者在公司加班，銷售人員的辛苦您知道的啊。」

李總經理：「你們部門是很辛苦，但銷售二部的員工也很辛苦啊。如果按照原來的目標計算，你們一部員工獎金要超過銷售二部員工的獎金一倍以上呢。我認為這樣也很不公平，會對二部員工的工作積極性帶來影響的。」

鄭部長看著李總經理沒有說什麼，其實他心裏想著：「他們那有我們辛苦啊，這一年我們忙得團團轉，你看二部的員工很輕鬆。」

李總經理繼續說：「我看這樣吧，把你們部門的年初目標調整為 2.8 億，增加 1 個億，你的意見怎麼樣？」

鄭部長：「目標調整的太高了吧？年初做目標的時候計劃銷售 20000 噸，而實際銷售 30000 噸，從銷售量來看，增長 50%呢。這已經剔除了價格上漲的影響，但是如果目標調整為 2.8 億，我們實際超

額完成不到 20%啊。」

李總經理：「這樣吧，你們的目標調整為年初計劃銷售量乘以實際單位銷售價格，這樣你有什麼看法？」

鄭部長是個非常精明的人，各種數據都在他心中裝著，年初制定銷售目標的時候預計銷售價格是每噸 8000 元，實際全年平均銷售價格是每噸 11000 元，年初制定的銷售計劃是銷售量 20000 噸，實際完成 30000 噸。這樣看來，銷售目標可能變為 2.2 億元了，這是鄭部長最滿意的結果了。經過一番思考之後，鄭部長說：

「這種調整方法還是比較正確的，一方面消除了制定目標時對市場價格判斷失誤的影響，同時仍然鼓勵員工儘量多地銷售公司產品，我認為還是比較合理的。」

李總經理：「如果你沒有什麼別的意見，就讓人力資源部重新測算一下你們部門的績效目標，年末根據調整後的目標進行績效考核了。希望你們部門繼續注重開拓市場，注重維護客戶關係，明年爭取更大的成績。」

元旦過後，各部門的最終績效考核結果出來了，除了銷售一部的員工外，各部門基本滿意。只有銷售一部的員工有情緒，因為按照年初的目標計算，平均每人的年終獎金能有 3 萬元，而調整目標後，每人平均減少 1.5 萬元，銷售一部部長的年薪也由 20 萬降為 15 萬多。

雖然順利解決了由於目標制定不合理帶來的績效考核不公平問題，但李總經理對於如何避免下一年度績效考核再次出現同樣問題，以及如何制定科學、合理的績效計劃，並使績效計劃得到落實以切實提高績效管理的效果，感到很困惑。通過這次事件，李總經理意識到績效管理非常關鍵的一步就是目標制定要科學、合理，同時績效目標應該根據外部環境變化及時進行調整，而不能到期末考核時再進行調

整,那樣一方面會挫傷員工的積極性,同時也會影響公司的組織信用。

李總經理指示人力資源部陳部長總結去年薪酬績效管理的工作經驗,重新修訂薪酬績效管理制度,使新一年的績效管理工作能夠促進公司業績進一步提升。

經過幾天的準備,下一年度薪酬績效管理思路基本成型了,公司李總經理非常認可新的薪酬績效管理思路,指示人力資源部計劃籌備召開公司年度工作會議,會上宣傳、貫徹公司新的薪酬績效方案,公司總經理與各部門負責人簽訂目標責任書。

二、完善薪酬績效管理制度

經過充分的討論修改,新的薪酬績效方案要點如下:

各部門部長各崗位(行政人事部部長、財務部部長、生產部部長、技術品質部部長、採購部部長、銷售一部部長、銷售二部部長、增強材料工廠主任、電子布工廠主任)的薪酬仍然實行年薪制,薪資包括月固定薪資、季績效薪資和年度績效薪資三部份,各部份所佔比例及發放如下表所示:

年薪構成	月固定薪資	季績效薪資	年度績效薪資
年薪計算	年薪基數/12×40%	年薪基數/4×20%×部門季績效考核係數	年薪基數×40%×部門年度績效考核係數
發放形式	固定數額、月發放	季考核後發放	年末考核後發放

除部長外,其他員工實行工作崗位績效薪資制,薪資包括基本薪資和績效薪資兩部份,不同崗位層級員工的薪資構成如下表所示:

崗位	基本薪資	月績效薪資
主管級	崗位薪資×70%	崗位薪資×30%××個人績效考核係數
員級	崗位薪資×80%	崗位薪資×20%××個人績效考核係數

　　主管級和員級崗位員工固定薪資按月發放，績效薪資在月考核後發放。

　　對銷售一部、銷售二部、增強材料工廠和電子布工廠員工，除享有薪資外，還享有獎金；對於工廠人員，獎金主要與產量掛　；對於銷售人員，獎金主要與銷售額以及回款率等指標有關。工廠人員獎金按季發放，銷售人員獎金年終發放，其他部門人員沒有獎金。

　　對各部門實行年度考核、季考核，年初公司總經理與各部門以及生產工廠都簽訂目標責任書，年末將根據責任書完成情況對各部門進行考核，並兌現部長年度績效薪資。

　　個人和部門進行季績效考核。對於生產工廠，考核指標主要是生產任務完成率、產品品質合格率等指標；對於銷售部門，考核指標主要是銷售額、回款率、客戶投訴情況、退貨情況等指標；對於其他部門，也有相應的考核指標。對於崗位的考核，採取關鍵業績考核方法，考核指標是結果指標和過程指標相結合。

三、確定各部門主要年度績效目標

　　陳部長意識到給各部門制定目標比較關鍵，提議在年度工作會議前，公司管理層及各部門部長召開一次目標規劃會議，商討下一年度各部門的工作目標。這個建議得到了李總經理的認可，人力資源部陳部長開始就如何籌備召開目標規劃會議以及年度工作會議，進行準備。

　　陳部長收集去年增強材料工廠產量及合格率資料，收集銷售一部、銷售二部銷售量、銷售價格、銷售收入以及回款率等資料。另外，他要求增強材料工廠、電子布工廠提供產能分析資料，要求銷售部門提供對今年增強材料市場、電子布市場行情的預測報告，為制定合理的績效計劃提供基礎資料。

　　根據增強材料工廠和電子布工廠提供的產能分析，目前公司增強材料產量已經達到設計最高產能，通過技術改造進一步提升產量的可能性已經不存在。而電子布目前的產能利用率只有 60%，還可以大幅度提高，如果進行技術改造，可以進一步提高產能。

　　根據銷售一部提供的分析，目前房地產行業已經出現供大於求的現象，將對房地產投資進行控制，因此對增強材料的市場需要將增長緩慢，甚至會降低，在生產能力大於市場需求的背景下，增強材料的市場價格將從高位回落。根據銷售二部提供的分析，由於 4G 牌照的發放會使通信行業保持快速發展，市場對電子布的需求將大大增加，電子布的產品價格將緩慢攀升，市場將供不應求。

　　陳部長將增強材料工廠、電子布工廠產能分析資料以及銷售一部、銷售二部對增強材料市場、電子布市場的預測報告交給了李總經理。

　　李總經理對各部門的分析給予了較高評價，同時認為增強材料的市場雖然不會再有增長，但價格還會比較堅挺；電子布產品要復蘇，價格會增長。公司領導經過充分討論，確定了制定績效目標的整體思路：對於增強材料，堅持以產定銷原則，產量以去年產量為基數，在此基礎上增加 10%，價格不變；對於電子布產品，堅持以銷定產原則，銷量增加 20%，價格上漲 10%。

　　陳部長根據去年的生產、銷售數據以及李總經理確定的原則，制

定出了各部門的績效目標。

增強材料工廠和電子布工廠去年績效資料和今年糾效目標如下：

部門	去年數據		今年績效目標	
	產量	合格奢	產量	合格率
增強材料工廠	30000 噸	98%	33000 噸	98.5%
電子布工廠	2000 萬米	95%	2400 萬米	95.5%

銷售一部、銷售二部去年績效資料和今年績效目標如下：

年度 項目	去年數據				今年績效目標			
	銷售量	銷售價格	銷售額	回款率	銷售量	銷售價格	銷售額	回款率
銷售一部	30000 噸	11000 元/噸	3.3 億	98%	33000 噸	11000 元/噸	3.53 億	98.5%
銷售二部	2000 萬米	10 元/米	2 億	95%	2400 萬米	11 元/米	2.64 億	96%

陳部長將初步確定的增強材料工廠、電子布工廠、銷售一部、銷售二部年度績效計劃報李總經理審核，李總經理表示滿意，並指示儘快召開目標規劃會議。

增強材料工廠、電子布工廠、銷售一部、銷售二部年度績效計劃制定後，採購部年度績效計劃根據生產工廠的原料需求來制定，生產部和技術質量部的年度績效計劃根據增強材料工廠、電子布工廠產品數量和品質來確定，財務部、人力資源部的年度績效計劃根據職能部門業務特點、為業務部門提供支持的原則以及公司發展戰略來制定。

很快，人力資源部制定出了各部門的年度績效計劃下發各部門討論。公司決定於 1 月 8 日上午在公司小會議室召開 2015 年度目標規

劃會議。

四、目標規劃會議及目標責任書簽訂

1 月 8 日上午 9 時，在公司小會議室，會議主題：2015 年度各部門目標規劃。

參加會議人員：公司李總經理、陳副總經理（銷售）、黃副總經理（生產）、人力資源部陳部長、財務部孫部長、生產部王部長、技術品質部徐部長、採購部韓部長、銷售一部鄭部長、銷售二部趙部長、增強材料工廠曾主任、電子布工廠林主任。

公司李總經理：「今天召開 2015 年度目標規劃會議，參加會議人員是公司高層和所有部門的部長。制定切實、合理的績效目標是績效管理的基礎，因此我們要充分重視這一工作，我已經看過各工廠和銷售一、二部提交的產能分析和市場分析報告了，我認為這個工作做得很好，為了增加決策的準確性，以後還要加強這一方面的工作。透過綜合分析今年的市場形勢，我們預測增強材料將繼續維持產銷兩旺的局面，增強材料市場價格將在高位盤整。對於電子布市場，我們認為會緩慢復蘇，產品價格將會逐漸回升。由於我公司增強材料產能已達極限，而電子布目前產能利用率只有 60%，因此對於增強材料產品，我們制定的是以產定銷策略，對於電子布產品，我們制定的是以銷定產策略。請大家討論討論。」

李總經理的領導風格是集權式領導，處事果斷，決策迅速，一旦決定了的事情很難改變，大家擔心說了也不會有作用，弄不好還要挨批評，因此都沒敢輕易發言。再說根據以往經驗，大家從來沒重視過年度計劃，因為年終的績效考核出現問題時，經常會修改這一年初確

定的績效目標，雖然今年公司要和各部門簽訂目標責任書，但各部門部長仍然沒太重視這件事情。

李總經理發現大家都很沉默，把目光轉向銷售一部鄭部長：「鄭部長，你認為我們制訂以產定銷策略有問題嗎？」

鄭部長做增強材料銷售已經有十幾年經驗了，在部長這個位置上也已經幹了三年，他很清楚，增強材料市場將很快變為供大於求，如果制定以產定銷策略，有可能會造成產品的積壓，另外市場價格也將從高位滑落，因此制定的銷售目標很難完成。鄭部長頓了頓說：「我們對市場行情的判斷是市場需求將萎縮，價格將從高位滑落，但將從幾月份開始下滑還不好判斷，給我們部門制定的目標基本是合理的，但能否完成目標取決於市場行情，如果市場行情比較平穩，完成任務應該沒有問題，可如果市場需求萎縮太快，完成目標就有一定難度了。」

李總經理把目光轉向增強材料工廠曾主任：「你們產量在目前基礎上提高10%應該沒問題吧？」

曾主任回答：「去年增強材料市場火暴，工廠全年高負荷運轉，產量已經達到極限，在此基礎上提高10%的確很困難，除非在技術改造上增加投資。」

李總經理又把目光轉向黃副總經理（生產）：「劉總，你負責落實一下增強材料工廠技術改造的事情，保證產量增加10%的目標如期完成。」

黃副總經理說：「好的，沒問題。不過我認為應該詳細進行一下增強材料市場的預測，如果市場沒有預期的那麼好，其實我們沒有必要在技術改造上投資那麼大的。」

黃副總經理的話沒有引起李總經理太多關注，吳總將目光轉向銷

售二部趙部長：「給你們部門制訂的目標怎麼樣？」

銷售二部趙部長對於今年的電子布市場還是非常樂觀的，對於制定的產量增加 20%的目標以及市場價格增加 10%的預測認為還是保守的。根據目前掌握的國際市場行情進行推斷，第一季市場價格就有可甜增加 50%，因為世界上最大的電子布製造商美國 GY 公司已經決定將生產基地轉往外地，今年將停止電子布產品的生產，這些在銷售分析中有詳細的說明。但趙部長不能確信吳總是否已經看到這些分析，當然誰也不樂意自己給自己定太高的目標，以免完成不了影響自己的考核成績，因此趙部長說：「根據目前的預測，完成這些目標應該沒有問題。」

李總經理將目光轉向林口電子布工廠林主任，林主任趕緊說：「我們工廠完成這些任務沒問題，再增加 30%也沒有任何問題。」

李總經理環顧了一下四週，說：「增強材料工廠、電子布工廠、銷售一部、銷售二部的年度目標都制定了，根據它們的目標制定出採購部、生產部、技術品質部等部門的目標，應該不會有難度吧？」

採購部韓部長明顯想發言的樣子，去年已經感受到採購的壓力，由於增強材料和電子布產品的原材料都是玻璃纖維，而玻璃纖維行業市場集中度比較高，目前生產正在由發達國家向發展中國家轉移，美國的幾個玻璃纖維窯爐都已經停產，現在對玻璃纖維的需求大大超過供給。況且建設窯爐的週期比較長，至少要一年半時間，因此在短期內不會改變玻璃纖維供不應求的局面。能否足額採購到生產所需的原材料，韓部長心中也不是很有把握。

最後，李總經理表態：「如果各部門沒什麼大的意見，我們就要按照這個績效目標制定目標責任書，我們將在 1 月 8 日召開年度工作會議，會上將宣佈新的薪酬績效管理方案，我將代表公司與各部門簽

訂目標責任書，請各部門做好充分準備。另外，公司今年將全面推行績效管理工作，請各部門負責人將部門的目標分解落實到個人，按月對個人進行月考核，考核結果和績效薪資結合。」

公司年度工作會議於 1 月 8 日在公司大禮堂如期召開，參加會議人員包括職能部門所有員工以及工廠工人代表。會議由人力資源部陳部長主持，首先由黃副總經理（生產）做上一年度工作總結，接著由公司李總經理做下一年度主要工作思路的報告，報告內容主要是公司實行新的薪酬績效管理思路和方法，包括對各部部長實行年薪制的思路及相關考核措施，對職能員工實行崗位績效薪資制的思路及考核辦法，以及對工廠員工、銷售人員的獎金計算辦法等。下午，首先由陳副總經理（銷售）宣讀各部門的目標責任書，之後公司李總經理和各部門依次簽訂了目標責任書。以下是銷售一部的目標責任書：

AB 公司銷售一部績效目標責任書

根據 AB 公司的年度經營目標，公司與銷售一部簽訂如下年度績效目標：

一、責任人：銷售一部部長是責任代表，部門其他員工為連帶責任人。

二、經濟指標：

1. 增強材料銷售收入：基本目標 33000 萬元
2. 增強材料銷售量：30000 噸
3. 回款率：98%

三、獎懲兌現辦法：

1. 部門年度績效考核係數＝1+（實現銷售售收入－目標）/目標×0.5+（實現銷售量－目標）/目標×0.5

2.回款率每增加 1%，績效考核係數增加 0.01；回款率每降低 1%，考核係數減少 0.02；回款率低於目標 10%，績效考核係數為 0。

3.部長實際年薪＝15 萬×部門年度績效考核係數

4.部門年終獎金總和＝（實現銷售收入－目標銷售收入）× 0.001

5.部門內部獎金分配由銷售一部部長負責，應根據多勞多得、多創造價值多得的原則。

四、其他未盡事宜遵照公司《薪酬管理制度》、《績效考核管理制度》執行。

五、本責任書由公司製作，目標制定和年末績效考核由總經理負責。當公司外部經營環境和內部條件發生重大變化時，績效目標可以進行調整，但應經過公司和銷售一部部長簽字確認。

受約人　　　　　　　　　　發約人

銷售一部部長簽字：　　　　公司總經理簽字：

五、分解制定季、月績效計劃

公司年度工作會議後，人力資源部陳部長組織各部門制定季績效計劃，同時要求各部門負責人及時制定各崗位員工的月績效計劃。陳部長向各部門下發了部門季績效計劃和員工月績效計劃的格式樣表。在人力資源部陳部長的督促下，各部門第一季績效計劃很快就制定出來了，以下是銷售一部第一季績效計劃、部門績效考核表以及部長績效考核表。

各部門的季績效計劃制定後，根據季績效計劃，各部門員工的月績效計劃由各部門自己組織制定，人力資源部負責形式上的審查。以

下分別是銷售一部第一季績效計劃表及績效考核表、銷售一部部長績效考核表、銷售一部銷售業務員績效計劃表及績效考核表。

1. 銷售一部 2015 年第一季績效計劃表

部門		銷售一部	考核期間	2015 年 1 月 1 日～3 月 31 日
績效指標及績效目標標準	序號	績效指標及權重		績效目標和標準
	1	方格布銷售收入	30%	5000 萬
	2	短切氈銷售收入	20%	4000 萬
	3	到期貨款回收率	10%	99%
	4	逾期貨款回收率	10%	50%
	5	銷售費用控制率	10%	100%
	6	客戶關係管理	10%	客戶關係檔案逐步完善，新客戶開發完成目標，老客戶流失在規定數目內
	7	倉儲管理	10%	倉庫物資安全，沒有物資丟失、損毀等事件發生

2. 銷售一部 2015 年第一季績效考核表

部門		銷售一部		考核期間	2015 年 1 月 1 日～3 月 31 日	
	序號	指標	權重	得分	得分×權重	績效考核者
關鍵業績 80%	1	方格布銷售收入	30%			公司總經理
	2	短切氈銷售收入	20%			
	3	到期貨款回收率	10%			
	4	逾期貨款回收率	10%			
	5	銷售費用控制率	10%			
	6	客戶關係管理	10%			
	7	倉儲管理	10%			
關鍵業績得分合計						
部門滿意度得分（權重 20%）						
總得分＝關鍵業績得分×80%+部門滿意度得分×20%						

3.銷售一部部長 2015 年第一季績效考核表

姓名				考核期間	2015 年 1 月 1 日～3 月 31 日	
	序號	指標	滿分	副總經理（銷售）評分	總經理評分	
能力 素質 20%	1	書面表達能力	10			
	2	組織實施能力	10			
	3	協調控制能力	10			
	4	領導激勵能力	10			
	5	創新能力	10			
	6	談判能力	12			
	7	責任感	10			
	8	忠誠度	10			
	9	表率作用	8			
	10	服務意識	10			
		小計				
	最終得分＝副總經理（銷售）評分×40%+總經理評分×60%					
績效考核總得分＝關鍵業績得分×60%+能力素質得×20%+部門 滿意度得分×20%						

4.銷售一部銷售業務員 2015 年 1 月績效計劃

姓名			考核期間	2015 年 1 月 1 日～3 月 31 日
績效 指標 及 績效 目標 標準	序號	績效指標及權重		績效目標和標準
	1	方格布銷售收入	30%	100 萬
	2	短切氈銷售收入	30%	100 萬
	3	到期貨款回收率	20%	100%
	4	逾期貨款回收	10%	20 萬
	5	客戶關係管理	10%	開發新客戶 1 個，電話拜訪老客戶 30 次，當面拜訪老客戶 3 次

5.銷售一部銷售業務員 2015 年 1 月績效考核表

姓名			崗位名稱			考核期間	2015 年 1 月 1 日～1 月 31 日
關鍵業績（80%）	序號	考核指標	權重	得分	得分×權重		績效考核者
	1	方格布銷售收入	30%				銷售一部部長
	2	短切氈銷售收入	30%				
	3	到期貨款回收率	20%				
	4	逾期貨款回收	10%				
	5	客戶關係管理	10%				
		關鍵業績得分合計					
能力素質（20%）	序號	指標	滿分		得分		績效考核者
	1	書面表達能力	10				銷售一部部長
	2	工作效率效果	10				
	3	解決問題能力	10				
	4	協調控制能力	10				
	5	創新能力	10				
	6	積極主動性	10				
	7	責任感	10				
	8	服務精神	10				
	9	學習意識	10				
	10	團隊精神	10				
		能力素質得分合計					
總得分＝關鍵業績得分×80%+能力素質得分×20%							銷售一部部長
績效考核等級							

※附錄二　H 公司的 KPI 績效考核案例

　　月考核結束後，黃部長組織召開了由各部門負責人參加的績效考核工作會議，要求各部門重視績效考核工作。

　　在績效考核工作會議上，黃部長指出了績效考核存在的問題：有些部門不重視績效考核工作，員工績效考核分數基本一致，績效薪資拉不開差距；個別部門的績效考核表單遲遲交不上來，由此影響了績效薪資的發放；另外很多部門負責人認識上存在偏失，缺乏對員工進行有效的績效溝通，對員工的工作不能進行有效的輔導，績效考核流於形式，沒有促進績效的提升。

　　針對這些情況，人力資源部黃部長要求各部門加強績效輔導工作，每月都應對每個員工進行一次績效溝通。人力資源部統一製作了績效輔導溝通表格，要求各部門保存好對每個員工的績效溝通記錄，人力資源部將不定時進行檢查。

　　第二個月的績效考核也存在同樣的問題，尤其是採購部和銷售一部多次反映無法繼續進行績效考核，理由是給員工設定的目標有問題，目標設定的太高，如果嚴格按照設定的目標來進行考核，很多員工績效考核結果是「不及格」的。最後在人力資源部的同意下，銷售一部、採購部的員工修改了績效計劃，最終大部份員工的考核結果能達到「及格」，但仍然有個別員工的績效考核結果為「待改進」。

　　在年初制定績效目標時，對增強材料市場的判斷，仍是增強材料市場不會有大的增長，但價格會比較堅挺；電子布產品要復蘇，價格會增長。

　　據此確定了制定績效目標的整體思路：對於增強材料，堅持以產

定銷原則，產量以去年產量為基數，在此基礎上增加 10%，價格不變；對於電子布產品，堅持以銷定產原則，銷量增加 20%，價格上漲 10%。

建築行業發展較快，增強材料市場價格一直較高，而電子布產品的市場價格一直比較穩定，公司原來主要產品是增強材料，佔總銷售額的 60%，電子布佔 40%左右。但是從今年 1 月末開始電子布國際市場價格持續攀升，由最低的每米不足 1 美元一路上漲到每米 2.5 美元，市場供不應求，一般客戶都不計較價格，目前基本沒有庫存。

電子布產品暢銷，作為電子布主要原材料的玻璃纖維也是供不應求。玻璃纖維行業市場集中度很高，下游產業基本沒有討價還價能力。

去年，採購部曾向公司高層提議建立同重要採購商的戰略同盟關係，但因種種原因都沒有實現。目前玻璃纖維價格節節上揚，更糟糕的是，公司今年同時加大了增強材料和電子布的產量，原材料玻璃纖維的需要大大增加，但是幾個重要的供應商都不能提供更多的原材料，因此原料供應不足成為限制公司產量計劃不能如期實現的原因。

由於公司有一定的原材料庫存，增強材料和電子布基本上是完成了產銷任務。正如年初預計的那樣，電子布市場需求強勁增加，價格不斷上漲，而增強材料的價格沒有變化。

生產受原材料的制約，逐漸顯現，由於增強材料和電子布產品需要同樣的原材料，電子布產品目前利潤較高，公司決定首先保證電子布產品的生產需要，大幅度減少了增強材料的生產。預計電子布產品一季生產 600 萬米，基本完成生產目標，由於銷售價格上漲超過預期，銷售收入超額完成。增強材料一季只生產 6000 噸，比原目標減少 2000 噸。

材料採購越來越困難，公司目前決定進一步減少增強材料的生產，以保證利潤高的電子布的生產和銷售。

黃部長認為,績效考核能否收到成效,一是績效目標制定是否科學、合理,另外就是要保證績效考核資料的真實性。

已經到了3月底了,如何及時完成員工的績效考核,尤其還要面臨各部門的季績效考核,是黃部長非常頭疼的事情。在第一季,公司產品市場發生了很多變化,公司正打算進行產品結構的調整,這樣年初制定的目標就相應調整,但是怎麼調整,目前還沒有明確的思路。

一、績效考核工作會議

公司鄧總經理指示人力資源部黃部長組織召開一次績效考核工作會議,總結績效考核存在的問題,並為第一季的績效考核做準備。

黃部長決定在2月20日召開績效考核會議,主題是討論目前績效考核尤其是績效目標存在的問題,以及如何解決這些問題,由公司鄧總經理親自主持會議。

會議主題是績效目標分析會,參加會議人員有公司鄧總經理、陳副總經理(銷售)、劉副總經理(生產)、人力資源部黃部長、財務部呂部長、生產部王部長、技術品質部徐部長、採購部韓部長、銷售一部陳部長、銷售二部趙部長、增強材料工廠曾主任、電子布工廠林主任。

公司鄧總經理:「召開績效考核工作會議,今年是公司全面推進績效管理的第一年,年初各部門都制定了年度、季績效計劃,各崗位也制定了月績效計劃。崗位績效考核已經進行了兩個月,還不錯,有些部門對績效管理工作很重視,績效計劃、績效輔導等環節做得很好;而有些部門績效考核流於形式,員工之間績效考核拉不開差距;還有些部門的績效考核表格遲遲不能上交。第一個季就要結束了,公司將要對各部門進行季績效考核。在今年第一季,公司產品供不應

求，經濟效益繼續向好，但也存在一些問題，主要是原材料價格持續上漲，原材料玻璃纖維不能保證生產的需要。請大家把工作中遇到的問題提出來，儘量解決大家的實際困難。」

人力資源部黃部長：「績效管理實施推進不力，我應該負主要責任，自從開展績效考核工作以來，各部門給予人力資源工作大力支持，在此對各部門的大力支持表示感謝。為使績效管理真正促進公司和各部門績效的提升，今天希望大家把真實想法說出來，人力資源部會充分聽取大家的意見和建議，設法完善各種相關制度和配套措施，使績效管理真正落到實處，激發大家的積極性。另外，有些部門績效考核表格遲遲不能按期上交，希望以後不要再出現這種情況。」

銷售一部陳部長：「我們部門制定的季計劃根本完成不了。事實上，今年的增強材料市場需求不溫不火，完成銷售任務應該沒有問題。但是從 2 月份開始，公司減少了增強材料的生產，庫存又不多，因此有好幾筆大單子我們都沒有談成，客戶都要現貨，我們沒有那麼多。」

陳部長的話還沒說完，增強材料工廠曾主任就開始說了：「年初給我們定目標要比去年增加 10%，我們剛剛進行了設備改造，又新招了一批工人，可從 2 月份開始，我工廠生產任務就不足，目前工廠人員情緒很大，都抱怨又不是這個產品不掙錢，為什麼不生產而保證電子布產品的生產呢？」

這時採購部韓部長發言了：「對公司目前生產原料不足的狀況我負有不可推卸的責任，但我部門員工已經做了最大努力。目前電子行業有復蘇跡象，玻璃纖維供不應求，玻璃纖維市場集中度非常高，市場掌握在少數幾個大廠家手裏，我們幾乎沒有價格談判的能力。」

財務部呂部長接著說：「其實今年我們公司的現金一直很充足

的，可以提高價格嘛，只要有利潤，總比停工影響生產划算吧！」

韓部長說道：「目前不是錢不錢的問題，主要是上游廠家和許多客戶簽訂了長期供貨合約，首先保證戰略合作夥伴的供應後，才供應給我們。要不是憑著多年的老關係，上次那個 4000 噸的合約我們是不會拿到的。其實玻璃纖維這個行業週期性特別明顯，由於是窯爐拉絲製造出來的，而且爐子一旦點火就不能停，在市場需求疲軟的時候，各個製造廠家都有大量的庫存，他們希望有固定的客戶來分散這個風險。因此各個玻璃纖維製造廠家和很多電子布製造企業達成戰略合作夥伴關係，簽訂長期供貨合約。目前也應該和 JKC 公司簽訂長期供貨協定，該公司去年就表達過合作意向，但我公司當時沒有重視這個事情。」

的確，韓部長曾多次提出要和 JKC 公司進行長期合作，以共同抵抗行業週期波動的影響，但由於種種原因，沒有把這件事列入重點工作來做，而且在當時看來，JKC 公司的談判價格的確太高了。

鄧總經理說：「電子布製造企業和上游廠家形成戰略夥伴關係，簽訂長期採購合約是大勢所趨，不過我們要和多家接觸，爭取最優惠的條件，不一定局限在 JKC 一家公司。這個事情採購部好好作個規劃，要向我提交一份分析報告。銷售二部目前情況怎麼樣？」鄧總把目光轉向銷售二部趙部長。

銷售二部趙部長說：「目前市場情況要比預期的樂觀，基本沒有庫存。有些企業已經用現款購買了 4、5 月份的產品，而且價格還在上漲，目前是每米 15 元，還有上漲的趨勢。」

電子布工廠曾主任接著說：「目前我們工廠產能利用率只有70%，還有進一步增加產量的能力。」

陳副總經理（銷售）開始發言：「目前增強材料市場和電子布市場

都不錯，產品基本沒有庫存，但是公司產量受到原材料的制約，因此必須重新評估下幾個季我們能採購到多少玻璃纖維，這決定了我們的總產量。根據目前的情況，原料供不應求，制約生產的局面短期內不會改變，我們必須重新制訂我們的經營策略。」

「從利潤上來說，目前增強材料的利潤率沒有電子布的利潤率高，多生產電子布肯定是多賺錢的。但是電子布產品是一個週期性特別強的產品，有的時候利潤率很低，幾乎沒有利潤，而且庫存積壓嚴重，而有的時候利潤很高，這樣的一個大週期一般為 5～10 年，基本和國際電子行業發展週期同步。根據過去的經驗，每當電子布市場處於低谷時，我們基本停止電子布的生產轉而生產增強材料，雖然增強材料市場也有波動週期，但價格波動幅度比電子布小多了，一般能保證一個基礎利潤。目前我們已經有了一些固定客戶群，但由於現在減少了增強材料的生產，不能滿足客戶的需要，這些客戶正在逐漸流失。如果我們再繼續大幅減少增強材料的產量，一些大客戶可能也會流失，這些對我們的損失是很大的。因此我認為，目前應該明確公司的發展戰略，到底是暫時減少增強材料的生產，還是永久退出這個行業？」

劉副總經理說：「陳總的話我贊成，我認為雖然目前電子布產品利潤很高，但是擺脫不了週期波動的特點。為了分散風險，我們不能放棄增強材料這個市場，在原材料受到制約的情況下，要平衡電子布和增強材料的生產。」

鄧總經理聽了大家的發言後，基本同意大家的看法，說：「我同意劉總的觀點，我們不能為了一時的短期利益，而扔掉增強材料這個市場。目前我們的主要工作是儘快和上游廠家達成戰略聯盟，簽訂長期採購合約，採購部要對原材料市場進行詳細的分析，制定符合實

際、切實可行的採購計劃。根據增強材料和電子布產品平衡生產的原則，重新修改增強材料和電子布的年度生產和銷售計劃。同時根據新的年度計劃，對第一季的績效計劃進行適當調整，保證各部門相對公平。我們將儘快啟動季績效考核工作。」

二、績效計劃調整

績效考核工作會議後，採購部長立刻著手研究市場變化趨勢，預測和上游廠商建立戰略合作夥伴關係的可行性。

採購部韓部長提交關於採購的市場研究報告，報告預計最遲在第三季公司將會選擇與一家供應商建立戰略夥伴關係，那時可以得到較為穩定的原材料供應。但是第二季仍然不會扭轉原材料制約生產的局面。人力資源部黃部長將這些情況報告給鄧總經理，同時和各部長進行了充分溝通，最終確定了採購部、增強材料工廠、電子布工廠、銷售一部、銷售二部的年度、季績效計劃。

1. 年度績效計劃變更

(1)採購部年度績效計劃變更如下：

部門年度績效計劃變更表

部門		採購部	修改時間	
序號	績效指標	原績效目標	新績效目標	變更原因
1	玻璃纖維採購量	50000噸	42000噸	市場供應不足
2	單位採購價格	4000元/噸	5000元/噸	市場價格上漲

說明：此變更表是對年度目標責任書的變更或其後的年度績效計劃變更表的再次變更。歷次變更表將同目標責任書一同構成年度績效考核的依據

採購部部長簽字：	公司總經理簽字：
年　月　日	年　月　日

(2)銷售一部年度績效計劃變更表如下：

部門年度績效計劃變更表

部門		銷售一部	修改時間	
序號	績效指標	原績效目標	新績效目標	變更原因
1	增強材料銷售量	30000噸	22000噸	產品供應不足
2	增強材料銷售額	3.3億	2.42億	銷售量減少

說明：此變更表是對年度目標責任書的變更或其後的年度績效計劃變更表的再次變更。歷次變更表將同目標責任書一同構成年度績效考核的依據

銷售一部部長簽字：	公司總經理簽字：
年　月　日	年　月　日

⑶銷售二部年度績效計劃變更表如下：

部門年度績效計劃變更表

部門		銷售二部	修改時間	
序號	績效指標	原績效目標	新績效目標	變更原因
1	電子布銷售量	2400萬米	2200萬米	產品供應不足
2	電子布銷售價格	11元/米	15元/米	市場價格變化
3	電子布銷售額	2.64億	3.3億	價格上升、供應不足

說明：此變更表是對年度目標責任書的變更或其後的年度績效計劃變更表的再次變更。歷次變更表將同目標責任書一同構成年度績效考核的依據

銷售二部部長簽字：	公司總經理簽字：
年　　月　　日	年　　月　　日

⑷增強材料工廠年度績效計劃變更表如下：

部門年度績效計劃變更表

部門		增強材料工廠	修改時間	
序號	績效指標	原績效目標	新績效目標	變更原因
1	增強材料產量	30000噸	22000噸	原材料供應不足

說明：此變更表是對年度目標責任書的變更或其後的年度績效計劃變更表的再次變更。歷次變更表將同目標責任書一同構成年度績效考核的依據

增強材料工廠主任簽字：	公司總經理簽字：
年　　月　　日	年　　月　　日

(5)電子布工廠年度績效計劃變更表如下：

部門年度績效計劃變更表

部門		電子布工廠	修改時間	
序號	績效指標	原績效目標	新績效目標	變更原因
1	電子布產量	2400米	2200米	原材料供應不足
說明：此變更表是對年度目標責任書的變更或其後的年度績效計劃變更表的再次變更。歷次變更表將同目標責任書一同構成年度績效考核的依據				
銷售二部部長簽字： 　　　年　　月　　日			公司總經理簽字： 　　　年　　月　　日	

2.季績效計劃變更

鄧總經理在和各部門負責人簽訂年度績效計劃變更表的同時，也和各部門簽訂了季績效計劃變更表。銷售一部的第一季績效計劃變更表如下所示：

銷售一部　第一季績效計劃變更表

部門		銷售一部	修改時間	
序號	績效指標	原績效目標	新績效目標	變更原因
1	方格布銷售收入	5000萬	2500萬	產量不足
2	短切氈銷售收入	4000萬	2000萬	產量不足
說明：此變更表是對年度目標責任書的變更或其後的年度績效計劃變更表的再次變更。歷次變更表將同目標責任書一同構成年度績效考核的依據				
銷售一部部長簽字： 　　　年　　月　　日			公司總經理簽字： 　　　年　　月　　日	

臺灣的核心競爭力，就在這裏！

圖書出版目錄

　　憲業企管顧問（集團）公司為企業界提供診斷、輔導、培訓等專項工作。下列圖書是由臺灣的憲業企管顧問（集團）公司所出版，自 1993 年秉持專業立場，特別注重實務應用，50 餘位顧問師為企業界提供最專業的經營管理類圖書。

　　選購企管書，敬請認明品牌：**憲業企管公司。**

1. 傳播書香社會，直接向本出版社購買，一律 9 折優惠，郵遞費用由本公司負擔。服務電話 (02) 27622241　(03) 9310960　　傳真 (03) 9310961

2. 付款方式：請將書款轉帳到我公司下列的銀行帳戶。

　　‧銀行名稱：合作金庫銀行（敦南分行）　帳號：**5034-717-347447**

　　公司名稱：憲業企管顧問有限公司

　　‧郵局劃撥號碼：**18410591**　郵局劃撥戶名：憲業企管顧問公司

3. 圖書出版資料每週隨時更新，請見網站 www.bookstore99.com

經營顧問叢書

272	主管必備的授權技巧	360 元
275	主管如何激勵部屬	360 元
276	輕鬆擁有幽默口才	360 元
278	面試主考官工作實務	360 元
279	總經理重點工作（增訂二版）	360 元
282	如何提高市場佔有率（增訂二版）	360 元
283	財務部流程規範化管理（增訂二版）	360 元
284	時間管理手冊	360 元
285	人事經理操作手冊（增訂二版）	360 元
286	贏得競爭優勢的模仿戰略	360 元
287	電話推銷培訓教材（增訂三版）	360 元
288	贏在細節管理（增訂二版）	360 元
289	企業識別系統 CIS（增訂二版）	360 元
290	部門主管手冊（增訂五版）	360 元
291	財務查帳技巧（增訂二版）	360 元
293	業務員疑難雜症與對策（增訂二版）	360 元
295	哈佛領導力課程	360 元
296	如何診斷企業財務狀況	360 元
297	營業部轄區管理規範工具書	360 元
298	售後服務手冊	360 元
299	業績倍增的銷售技巧	400 元
300	行政部流程規範化管理（增訂二版）	400 元
302	行銷部流程規範化管理（增訂二版）	400 元
304	生產部流程規範化管理（增訂二版）	400 元
305	績效考核手冊（增訂二版）	400 元
307	招聘作業規範手冊	420 元
308	喬‧吉拉德銷售智慧	400 元
309	商品鋪貨規範工具書	400 元
310	企業併購案例精華（增訂二版）	420 元
311	客戶抱怨手冊	400 元

312	如何撰寫職位說明書（增訂二版）	400 元
314	客戶拒絕就是銷售成功的開始	400 元
315	如何選人、育人、用人、留人、辭人	400 元
316	危機管理案例精華	400 元
317	節約的都是利潤	400 元
318	企業盈利模式	400 元
319	應收帳款的管理與催收	420 元
320	總經理手冊	420 元
321	新產品銷售一定成功	420 元
322	銷售獎勵辦法	420 元
323	財務主管工作手冊	420 元
324	降低人力成本	420 元
325	企業如何制度化	420 元
326	終端零售店管理手冊	420 元
327	客戶管理應用技巧	420 元
328	如何撰寫商業計畫書（增訂二版）	420 元
329	利潤中心制度運作技巧	420 元
330	企業要注重現金流	420 元
331	經銷商管理實務	450 元
332	內部控制規範手冊（增訂二版）	420 元
333	人力資源部流程規範化管理（增訂五版）	420 元
334	各部門年度計劃工作（增訂三版）	420 元
335	人力資源部官司案件大公開	420 元
336	高效率的會議技巧	420 元
337	企業經營計劃〈增訂三版〉	420 元
338	商業簡報技巧（增訂二版）	420 元
339	企業診斷實務	450 元
340	總務部門重點工作（增訂四版）	450 元

《商店叢書》

18	店員推銷技巧	360 元
30	特許連鎖業經營技巧	360 元
35	商店標準操作流程	360 元
36	商店導購口才專業培訓	360 元

37	速食店操作手冊〈增訂二版〉	360 元
38	網路商店創業手冊〈增訂二版〉	360 元
40	商店診斷實務	360 元
41	店鋪商品管理手冊	360 元
42	店員操作手冊（增訂三版）	360 元
44	店長如何提升業績〈增訂二版〉	360 元
45	向肯德基學習連鎖經營〈增訂二版〉	360 元
47	賣場如何經營會員制俱樂部	360 元
48	賣場銷量神奇交叉分析	360 元
49	商場促銷法寶	360 元
53	餐飲業工作規範	360 元
54	有效的店員銷售技巧	360 元
55	如何開創連鎖體系〈增訂三版〉	360 元
56	開一家穩賺不賠的網路商店	360 元
58	商鋪業績提升技巧	360 元
59	店員工作規範（增訂二版）	400 元
61	架設強大的連鎖總部	400 元
62	餐飲業經營技巧	400 元
64	賣場管理督導手冊	420 元
65	連鎖店督導師手冊（增訂二版）	420 元
67	店長數據化管理技巧	420 元
69	連鎖業商品開發與物流配送	420 元
70	連鎖業加盟招商與培訓作法	420 元
71	金牌店員內部培訓手冊	420 元
72	如何撰寫連鎖業營運手冊〈增訂三版〉	420 元
73	店長操作手冊（增訂七版）	420 元
74	連鎖企業如何取得投資公司注入資金	420 元
75	特許連鎖業加盟合約（增訂二版）	420 元
76	實體商店如何提昇業績	420 元
77	連鎖店操作手冊（增訂六版）	420 元
78	快速架設連鎖加盟帝國	450 元
79	連鎖業開店複製流程（增訂二版）	450 元
80	開店創業手冊〈增訂五版〉	450 元

《工廠叢書》

15	工廠設備維護手冊	380 元
16	品管圈活動指南	380 元
17	品管圈推動實務	380 元
20	如何推動提案制度	380 元
24	六西格瑪管理手冊	380 元
30	生產績效診斷與評估	380 元
32	如何藉助 IE 提升業績	380 元
46	降低生產成本	380 元
47	物流配送績效管理	380 元
51	透視流程改善技巧	380 元
55	企業標準化的創建與推動	380 元
56	精細化生產管理	380 元
57	品質管制手法〈增訂二版〉	380 元
58	如何改善生產績效〈增訂二版〉	380 元
68	打造一流的生產作業廠區	380 元
70	如何控制不良品〈增訂二版〉	380 元
71	全面消除生產浪費	380 元
72	現場工程改善應用手冊	380 元
77	確保新產品開發成功（增訂四版）	380 元
79	6S 管理運作技巧	380 元
84	供應商管理手冊	380 元
85	採購管理工作細則〈增訂二版〉	380 元
88	豐田現場管理技巧	380 元
89	生產現場管理實戰案例〈增訂三版〉	380 元
92	生產主管操作手冊（增訂五版）	420 元
93	機器設備維護管理工具書	420 元
94	如何解決工廠問題	420 元
96	生產訂單運作方式與變更管理	420 元
97	商品管理流程控制(增訂四版)	420 元
101	如何預防採購舞弊	420 元
102	生產主管工作技巧	420 元
103	工廠管理標準作業流程〈增訂三版〉	420 元

105	生產計劃的規劃與執行（增訂二版）	420 元
107	如何推動 5S 管理（增訂六版）	420 元
108	物料管理控制實務〈增訂三版〉	420 元
111	品管部操作規範	420 元
112	採購管理實務〈增訂八版〉	420 元
113	企業如何實施目視管理	420 元
114	如何診斷企業生產狀況	420 元
115	採購談判與議價技巧〈增訂四版〉	450 元
116	如何管理倉庫〈增訂十版〉	450 元
117	部門績效考核的量化管理（增訂八版）	450 元

《醫學保健叢書》

1	9 週加強免疫能力	320 元
3	如何克服失眠	320 元
5	減肥瘦身一定成功	360 元
6	輕鬆懷孕手冊	360 元
7	育兒保健手冊	360 元
8	輕鬆坐月子	360 元
11	排毒養生方法	360 元
13	排除體內毒素	360 元
14	排除便秘困擾	360 元
15	維生素保健全書	360 元
16	腎臟病患者的治療與保健	360 元
17	肝病患者的治療與保健	360 元
18	糖尿病患者的治療與保健	360 元
19	高血壓患者的治療與保健	360 元
22	給老爸老媽的保健全書	360 元
23	如何降低高血壓	360 元
24	如何治療糖尿病	360 元
25	如何降低膽固醇	360 元
26	人體器官使用說明書	360 元
27	這樣喝水最健康	360 元
28	輕鬆排毒方法	360 元
29	中醫養生手冊	360 元
30	孕婦手冊	360 元
31	育兒手冊	360 元
32	幾千年的中醫養生方法	360 元

34	糖尿病治療全書	360 元
35	活到 120 歲的飲食方法	360 元
36	7 天克服便秘	360 元
37	為長壽做準備	360 元
39	拒絕三高有方法	360 元
40	一定要懷孕	360 元
41	提高免疫力可抵抗癌症	360 元
42	生男生女有技巧〈增訂三版〉	360 元

《培訓叢書》

11	培訓師的現場培訓技巧	360 元
12	培訓師的演講技巧	360 元
15	戶外培訓活動實施技巧	360 元
17	針對部門主管的培訓遊戲	360 元
21	培訓部門經理操作手冊（增訂三版）	360 元
23	培訓部門流程規範化管理	360 元
24	領導技巧培訓遊戲	360 元
26	提升服務品質培訓遊戲	360 元
27	執行能力培訓遊戲	360 元
28	企業如何培訓內部講師	360 元
31	激勵員工培訓遊戲	420 元
32	企業培訓活動的破冰遊戲（增訂二版）	420 元
33	解決問題能力培訓遊戲	420 元
34	情商管理培訓遊戲	420 元
35	企業培訓遊戲大全（增訂四版）	420 元
36	銷售部門培訓遊戲綜合本	420 元
37	溝通能力培訓遊戲	420 元
38	如何建立內部培訓體系	420 元
39	團隊合作培訓遊戲（增訂四版）	420 元
40	培訓師手冊（增訂六版）	420 元

《傳銷叢書》

4	傳銷致富	360 元
5	傳銷培訓課程	360 元
10	頂尖傳銷術	360 元
12	現在輪到你成功	350 元
13	鑽石傳銷商培訓手冊	350 元
14	傳銷皇帝的激勵技巧	360 元
15	傳銷皇帝的溝通技巧	360 元
19	傳銷分享會運作範例	360 元

20	傳銷成功技巧（增訂五版）	400 元
21	傳銷領袖（增訂二版）	400 元
22	傳銷話術	400 元
23	如何傳銷邀約	400 元

《幼兒培育叢書》

1	如何培育傑出子女	360 元
2	培育財富子女	360 元
3	如何激發孩子的學習潛能	360 元
4	鼓勵孩子	360 元
5	別溺愛孩子	360 元
6	孩子考第一名	360 元
7	父母要如何與孩子溝通	360 元
8	父母要如何培養孩子的好習慣	360 元
9	父母要如何激發孩子學習潛能	360 元
10	如何讓孩子變得堅強自信	360 元

《成功叢書》

1	猶太富翁經商智慧	360 元
2	致富鑽石法則	360 元
3	發現財富密碼	360 元

《企業傳記叢書》

1	零售巨人沃爾瑪	360 元
2	大型企業失敗啟示錄	360 元
3	企業併購始祖洛克菲勒	360 元
4	透視戴爾經營技巧	360 元
5	亞馬遜網路書店傳奇	360 元
6	動物智慧的企業競爭啟示	320 元
7	CEO 拯救企業	360 元
8	世界首富　宜家王國	360 元
9	航空巨人波音傳奇	360 元
10	傳媒併購大亨	360 元

《智慧叢書》

1	禪的智慧	360 元
2	生活禪	360 元
3	易經的智慧	360 元
4	禪的管理大智慧	360 元
5	改變命運的人生智慧	360 元
6	如何吸取中庸智慧	360 元
7	如何吸取老子智慧	360 元
8	如何吸取易經智慧	360 元
9	經濟大崩潰	360 元

10	有趣的生活經濟學	360 元
11	低調才是大智慧	360 元

《DIY 叢書》

1	居家節約竅門 DIY	360 元
2	愛護汽車 DIY	360 元
3	現代居家風水 DIY	360 元
4	居家收納整理 DIY	360 元
5	廚房竅門 DIY	360 元
6	家庭裝修 DIY	360 元
7	省油大作戰	360 元

《財務管理叢書》

1	如何編制部門年度預算	360 元
2	財務查帳技巧	360 元
3	財務經理手冊	360 元
4	財務診斷技巧	360 元
5	內部控制實務	360 元
6	財務管理制度化	360 元
8	財務部流程規範化管理	360 元
9	如何推動利潤中心制度	360 元

為方便讀者選購，本公司將一部分上述圖書又加以專門分類如下：

《主管叢書》

1	部門主管手冊（增訂五版）	360 元
2	總經理手冊	420 元
4	生產主管操作手冊（增訂五版）	420 元
5	店長操作手冊（增訂六版）	420 元
6	財務經理手冊	360 元
7	人事經理操作手冊	360 元
8	行銷總監工作指引	360 元
9	行銷總監實戰案例	360 元

《總經理叢書》

1	總經理如何經營公司(增訂二版)	360 元
2	總經理如何管理公司	360 元
3	總經理如何領導成功團隊	360 元
4	總經理如何熟悉財務控制	360 元
5	總經理如何靈活調動資金	360 元
6	總經理手冊	420 元

《人事管理叢書》

1	人事經理操作手冊	360 元

2	員工招聘操作手冊	360 元
3	員工招聘性向測試方法	360 元
5	總務部門重點工作（增訂三版）	400 元
6	如何識別人才	360 元
7	如何處理員工離職問題	360 元
8	人力資源部流程規範化管理（增訂四版）	420 元
9	面試主考官工作實務	360 元
10	主管如何激勵部屬	360 元
11	主管必備的授權技巧	360 元
12	部門主管手冊（增訂五版）	360 元

《理財叢書》

1	巴菲特股票投資忠告	360 元
2	受益一生的投資理財	360 元
3	終身理財計劃	360 元
4	如何投資黃金	360 元
5	巴菲特投資必贏技巧	360 元

6	投資基金賺錢方法	360 元
7	索羅斯的基金投資必贏忠告	360 元
8	巴菲特為何投資比亞迪	360 元

《網路行銷叢書》

1	網路商店創業手冊〈增訂二版〉	360 元
2	網路商店管理手冊	360 元
3	網路行銷技巧	360 元
4	商業網站成功密碼	360 元
5	電子郵件成功技巧	360 元
6	搜索引擎行銷	360 元

《企業計劃叢書》

1	企業經營計劃〈增訂二版〉	360 元
2	各部門年度計劃工作	360 元
3	各部門編制預算工作	360 元
4	經營分析	360 元
5	企業戰略執行手冊	360 元

請保留此圖書目錄：

　　未來在長遠的工作上，此圖書目錄

可能會對您有幫助！！

在海外出差的………
台灣上班族

愈來愈多的台灣上班族，到大陸工作（或出差），對工作的努力與敬業，是台灣上班族的核心競爭力；一個明顯的例子，返台休假期間，台灣上班族都會抽空再買書，設法充實自身專業能力。

[憲業企管顧問公司]以專業立場，為企業界提供最專業的各種經營管理類圖書。

85%的台灣上班族都曾經有過購買（或閱讀）[憲業企管顧問公司]所出版的各種企管圖書。

尤其是在競爭激烈或經濟不景氣時，更要加強投資在自己的專業能力，建議你：

工作之餘要多看書，加強競爭力。

台灣最大的企管圖書網站
www.bookstore99.com

建立企業圖書館

當市場競爭激烈時：

培訓員工，強化員工競爭力
是企業最佳對策

「人才」是企業最大的財富。如何提升人才，是企業永續經營、戰勝對手的核心競爭力。積極培訓公司內部員工，是經濟不景氣時期的最佳戰略，而最快速的具體作法，就是「建立企業內部圖書館，鼓勵員工多閱讀、多進修專業書藉」

建議您：請一次購足本公司所出版各種經營管理類圖書，作為貴公司內部員工培訓圖書。使用率高的（例如「贏在細節管理」），準備 3 本；使用率低的（例如「工廠設備維護手冊」），只買 1 本。

給 總 經 理 的 話

　　總經理公事繁忙，還要設法擠出時間，赴外上課進修學習，努力不懈，力爭上游。

　　總經理拚命充電，但是員工呢？

　　公司的執行仍然要靠員工，為什麼不要讓員工一起進修學習呢？

　　買幾本好書，交待員工一起讀書，或是買好書送給員工當禮品。簡單、立刻可行，多好的事！

工廠叢書 (117)   售價：450 元

部門績效考核的量化管理（增訂八版）

西元二○二一年七月	增訂八版一刷
西元二○一九年五月	七版一刷
西元二○一七年十二月	六版二刷
西元二○一六年四月	六版一刷
西元二○○五年四月	培訓班大本(A4)教材

編輯指導：黃憲仁

編著：秦建成

策劃：麥可國際出版有限公司（新加坡）

編輯：蕭玲

校對：劉飛娟

發行所：憲業企管顧問有限公司

電話：　（03）9310960　　0930872873　　（02）2762-2241

電子郵件聯絡信箱：huang2838@yahoo.com.tw

銀行 ATM 轉帳：合作金庫銀行　　帳號：5034-717-347447

郵政劃撥：18410591　　憲業企管顧問有限公司

江祖平律師顧問：紙品書、數位書著作權與版權均歸本公司所有

登記證：行政業新聞局版台業字第 6380 號

本圖書是由憲業企管顧問（集團）公司所出版，以專業立場，為企業界提供最專業的各種經營管理類圖書。

圖書編號 ISBN：978-986-369-100-6